◆高等院校人物形象设计专业系列规划教材◆

SHUZI TUXIANG DE HOUQI CHULI

数字图像的后期处理

秦　臻　肖宇强　王春桃　主编

合肥工业大学出版社
HEFEI UNIVERSITY OF TECHNOLOGY PRESS

内容简介

　　一幅精美数字图像的获得，除了需要良好的摄影技术外，掌握熟练的数字图像后期处理技术也是重要条件之一。特别是关于人物形象设计方面的数字图像，后期的润色与美化，可让图像达到更加鲜明和完美的视觉效果。

　　本书通过浅显易懂的文字、详细的操作步骤、精美的图片示范，分别介绍了数字图像处理的前期准备工作、数字图像面部美化方法、数字图像人体美化方法、数字图像光影处理、数码特效制作等内容。本书对数字图像后期处理的操作步骤和技巧进行解读时，以人物形象设计为核心内容，以传统与创新为思想，以流行与时尚为导向，以真实和生动的图片及案例为表现形式，做到了理论与实践紧密结合，使读者犹如身临其境之感，可不知不觉地熟悉相关理论知识和掌握图像后期处理技巧。

　　本书不仅适合高等院校人物形象设计、摄影等专业作为教材使用，也可作为人物形象设计和摄影行业的职业培训教材，还可供对数字图像后期处理感兴趣的普通读者使用。

图书在版编目（CIP）数据

数字图像的后期处理 / 秦臻, 肖宇强, 王春桃 主编. —合肥：合肥工业大学出版社，2017.8
ISBN 978-7-5650-3521-0

Ⅰ.①数…　Ⅱ.①秦…　②肖…　③王…Ⅲ.　①数像处理　Ⅳ.①TN911.73

中国版本图书馆CIP数据核字（2017）第209739号

数 字 图 像 的 后 期 处 理

秦　臻　肖宇强　王春桃　主编	责任编辑　汤礼广
出　版　合肥工业大学出版社	版　次　2017 年 8 月第 1 版
地　址　合肥市屯溪路 193 号	印　次　2017 年 8 月第 1 次印刷
邮　编　230009	开　本　889 毫米×1194 毫米　1/16
电　话　理工编辑部：0551－62903087	印　张　7.25
市场营销部：0551－62903198	字　数　184 千字
网　址　www.hfutpress.com.cn	印　刷　安徽联众印刷有限公司
E-mail　hfutpress@163.com	发　行　全国新华书店

ISBN　978-7-5650-3521-0　　　　　　　定价：47.00 元

如果有影响阅读的印装质量问题，请与出版社市场营销部联系调换。

前　言

　　自1950年第一台图形显示器Whirlwind1诞生至今，计算机图形技术已经有60多年的发展历史，如今计算机图形技术已被广泛运用于机械、建筑、纺织、服装等行业之中，计算机以其强大的图像处理功能大大缩短了产品设计及生产的时间。数字图像的成品分为前期摄影和后期处理两部分。数字图像的后期处理技术不仅可以修复之前在拍摄上的不足，增强数字图像的视觉艺术效果，帮助个人挥洒艺术创作激情，而且还能实现更好的经济效益和社会效益。

　　目前，运用于数字图像后期处理的软件主要为Photoshop软件，该软件功能强大、交互界面友好，适合数字图像的综合处理。特别是在人物形象设计领域，该软件对人物形象数字图像的面部、人体、光影、特效等方面有很好的处理表现。本书以Photoshop软件为工具，分别介绍了处理数字图像的前期工作、数字图像面部美化方法、数字图像人体美化方法、数字图像光影处理及数码特效制作等内容。全书采取图示案例的教学方式组织内容，通过一个个典型案例，循序渐进地讲解数字图像的后期处理技术，这种讲解方式不仅有利于读者掌握和灵活运用数字图像处理等软件的相关技术和技巧，塑造出效果更好的人物形象作品，而且还能够使读者做到举一反三，在掌握数字图像后期处理的基础理论和操作技巧的基础上，进一步施展自己的才华，探索和尝试创新性设计。

　　本书适用于高等院校人物形象设计、服装与服饰设计、视觉传达等专业的学生作为教材使用，也可供从事数字图像后期处理工作的相关专业人员及相关爱好者作为参考用书。若需要相关教学资料，可从合肥工业大学出版社官方网站（www.hfutpress.com.cn）中搜索本书，然后在本书界面的"配套资源下载"里下载。

本书由湖南女子学院秦臻、肖宇强及长沙市艺术实验学校王春桃担任主编，参与编写的老师有甘晓露（湖南女子学院）、宁蓓蓓（湖南大众传媒学院）、刘江南（山东工艺美术学院）、桂晓沁（安徽艺术职业学院）、夏学敏（江苏城市职业学院）、熊雯婧（湖北科技职业学院）、马莉（武汉信息传播职业技术学院）、马雪梅(山东轻工职业学院)、葛玉珍（山东科技职业学院）。

最后，向有关文献被本书援引或参考的作者以及本书涉及的模特表示诚挚的感谢和深深的敬意。由于作者水平有限，本书可能存在错漏和欠缺之处，恳请同行和读者不吝指正。

编　者
2017年7月

目　录

第五章　数码特效制作

第一章

处理数字图像的前期工作

学习情境：专业电脑教室。

学习方式：由教师讲解数字图像后期处理的基本理
论知识，并指导学生练习数字图像文件
的基本编辑方法。

学习目的：使学生了解数字图像后期处理的基本知
识，认识Photoshop软件，学会对数字
图像文件进行基本编辑。

学习要求：了解数字图像后期处理的概念及其应用
领域；认识数字图像的格式、像素、分
辨率及颜色模式；认识Photoshop软
件;掌握数字图像文件的基本编辑方法。

学习准备：Photoshop软件。

在进行数字图像的后期处理之前，先应了解数字图像的基本知识，了解数字图像后期处理的概念及其应用领域，激发学生的学习兴趣；认识数字图像的格式、像素、分辨率及颜色模式；认识处理软件，了解Photoshop软件的菜单栏、工具箱、工具选项栏、工作区、状态栏和面板区等基本工作界面及其主要功能；熟悉数字图像文件的基本编辑方法，如文件的新建及打开、文件的保存、文件的恢复与关闭、文件的查看方法，为后面进一步的学习打下基础。

第一节 概 述

一、数字图像后期处理的概念

数字技术不断发展，对当今的影像技术产生了巨大的影响。传统的胶片冲印需在暗房中完成，而数字技术是利用各种电脑软件或数码技术直接对数字图像照片进行调整和修改，以期提高图像的视觉表达效果。

数字技术使摄影师对照片的色调和构图有更多的调节空间，可对拍摄过程中的曝光、背景等方面的不足进行有效弥补。由于其便捷性和高效性，因此在图像处理领域中，数字图像的后期处理方式逐渐替代了传统的照片处理方式。艺术的灵魂在于创新，创新是摄影艺术得以发展的关键，数字技术为摄影的艺术创新提供了有力平台和更加宽广的空间。数字图像后期制作已成为摄影师必须掌握的重要技术之一。如今数字图像大量运用于商业活动中，人们常利用数字技术对图像进行修改、调整以增加图片的商业效果，促进了数字图像后期处理技术在商业领域的运用和发展。

图1-1-1 商业广告（Freddy品牌）

在对数字图像进行后期处理时，需要使用数字图像后期处理软件，常见的软件有Photoshop、Photoimpact、Pixlr、Pixelmator、光影魔术手等。其中Photoshop是最为普及、易懂、通用的软件。该软件由Adobe Systems公司研发，其众多的编修与绘图工具，可以用来有效地进行图片编辑工作。这也是本书主要介绍的软件。

二、数字图像后期处理的应用领域

数字图像后期处理的运用领域非常广，在平面设计、网页制作、人物形象设计等方面都发挥着重大的作用。

平面设计是数字图像后期处理应用最为广泛的一个领域，无论是书籍封面、招贴海报还是平面广告，都可以从中看到数字图像后期处理对其产生的巨大影响(如图1-1-1、图1-1-2)。

图1-1-2 电影海报（《Now You See Me》）

网络的普及使人们能看到更多有创意的数字图像，而数字图像后期处理也是进行网页制作的一个重要方式（如图1-1-3）。

数字图像后期处理与人物形象设计有着密切的关联，数字图像后期处理不仅可以轻松调整照片的曝光与色调，还可以修复照片瑕疵，使其更具有艺术效果（如图1-1-4）。

图1-1-3　网页设计

图1-1-4　人物形象设计（《Vogue》杂志）

第二节　数字图像的基本知识

凡是记录在纸质或者屏幕上具有视觉效果的画面都可以称为图像。要进行数字图像的后期处理，先要了解图像的基本知识，包括图像的格式、像素、分辨率及颜色模式等。

一、数字图像的基本格式

图像的储存方式决定图像的文件格式，选择不同的文件存储方式可以得到相应的的文件格式，而不同的文件格式决定文件的大小及品质。下面介绍几种主要的数字图像格式。

1.BMP格式

BMP是英文Bitmap（位图）的简写，它是Windows操作系统中的标准图像文件格式，能够被多种Windows应用程序所支持。随着Windows操作系统的流行与丰富的Windows应用程序的开发，BMP位图格式理所当然地被广泛应用。这种格式的特点是包含的图像信息较丰富，几乎不进行压缩，但也由此导致了它与生俱来的缺点——占用磁盘空间过大。

2.GIF格式

GIF是英文Graphics Interchange Format（图形交换格式）的缩写。顾名思义，这种格式是用来交换图片的。20世纪80年代，美国一家著名的在线信息服务机构Compu Serve针对当时网络传输带宽的限制，开发出了这种GIF图像格式。GIF格式的特点是压缩比高，磁盘空间占用较少，所以这种图像格式迅速得到了广泛的应用。它是一种简单的动画图片，目前Internet上大量采用的彩色动画文件多为这种格式的文件，也称为GIF89a格式文件。但GIF有个小小的缺点，即不能存储超过256色的图像。尽管如此，这种格式仍盛行于网络，这与GIF图像文件小、被下载速度快、可用许多具有同样大小的图像文件组成动画等优势是分不开的。

3.JPEG格式

JPEG也是常见的一种图像格式，JPEG文件的扩展名为.jpg或.jpeg，其压缩技术十分先进，它用有损压缩方式去除冗余的图像和彩色数据，在获取极高的压缩率的同时能展现十分丰富生动的图像，换句话说，就是可以用最少的磁盘空间得到较好的图像质量。由于JPEG优异的品质和杰出的表现，它的应用也非常广泛。

4.TIFF格式

TIFF（TagImage File Format）是Mac中广泛使用的图像格式，它的特点是图像格式复杂、存贮信息多。正因为它存储图像细微层次的信息非常多，图像的质量也得以提高，故而非常有利于原稿的复制。该格式有压缩和非压缩两种形式，其中压缩形式可采用LZW无损压缩方案存储，因而TIFF现在也是电脑中使用最广泛的图像文件格式之一。

5.PSD格式

这是著名的Adobe公司的图像处理软件Photoshop的专用格式Photoshop Document（PSD）。PSD其实是Photoshop进行平设计的一张"草稿图"，它里面包含有各种图层、通道、遮罩等各种设计的样稿，以便于下次打开文件时可以修改上一次的设计。在Photoshop所支持的各种图像格式中，PSD的存取速度比其他格式快很多，功能也很强大，是数字图像后期处理保存原始稿件运用最为广泛的一种格式。

6.PNG格式

PNG（Portable Network Graphics）是一种新兴的网络图像格式。PNG一开始便结合GIF及JPEG两者之长，打算一举取代这两种格式。1996年PNG得到国际网络联盟推荐和认可，并且大部分绘图软件和浏览器开始支持PNG图像浏览，从此PNG图像格式生机盎然。PNG是目前保证最不失真的格式，它汲取了GIF和JPEG两者的优点。它的第一个特点是存贮形式丰富，兼有GIF和JPEG的色彩模式；第二个特点是能把图像文件压缩到极限以利于网络传输，又能保留所有与图像品质有关的信息，因为PNG是采用无损压缩方式来减少文件的大小，这一点与牺牲图像品质以换取高压缩率的JPEG有所不同；第三个特点是显示速度很快，只需下载1/64的图像信息就可以显示出低分辨率的预览图像；第四个特点是PNG同样支持透明图像的制作，透明图像在制作网页图像的时候很实用，我们可以把图像背景设为透明，用网页本身的颜色信息来代替设为透明的色彩，这样可让图像和网页背景很和谐地融合在一起。PNG的缺点是不支持动画应用效果，如果在这方面能有所加强，简直就可以完全替代GIF和JPEG了。现在，越来越多的软件开始支持这一格式，而且在网络上也越来越流行。

此外，还有一些图像格式，如PCX格式、DXF格式、WMF格式、EMF格式、LIC（FLI/FLC）格式、EPS格式、TGA格式等，也都是数字图像的基本格式。

二、数字图像的像素及分辨率

在数字图像中，有两个与图像大小和图像质量密切相关的基本概念——像素与分辨率。

1.像素

像素的中文全称为图像元素。像素是分辨率的尺寸单位，是构成数码影像的基本单元，通常以像素每英寸PPI（Pixels Per Inch）为单位来表示影像分辨率的大小。

如果把数字图像放大数倍，会发现这些连续色调其实是由许多色彩相近的小方点所组成，这些小方点就是构成影像的最小单元——像素。这种最小的图形单元在屏幕上显示通常是单个的染色点。一张数字图像包含的信息量越大，其拥有的像素也就越丰富，也就越能表达颜色的真实感。

2.分辨率

数字图像的分辨率是指图像中存储的信息量，是每个单位面积中有多少个像素点，分辨率的单位为PPI(Pixels Per Inch)，通常使用"像素/英寸"或者"像素/厘米"来表示。相同打印尺寸的照片，高分辨率比低分辨率包含更多的像素。

三、数字图像的颜色模式

在数字图像处理的过程中，根据不同的颜色显示方式，呈现出不同的颜色模式。主要有以下几种常用的颜色模式。

1.RGB颜色模式

自然界中所有的颜色都可以用红、绿、蓝(RGB)这三种颜色波长的不同强度组合而得，这就是人们常说的三基色原理。在数字图像中，对RGB三基色各进行8位编码就构成了大约1677万种颜色，这就是我们常说的真彩色。数字屏幕都是基于RGB颜色模式来创建其颜色的。

2.CMYK模式

CMYK颜色模式是一种印刷模式。其中四个字母分别指青（Cyan）、洋红（Magenta）、黄（Yellow）、黑（Black），在印刷中代表四种颜色的油墨。所有打印的颜色，都有这四种油墨混合而产生。由于C、M、Y、K在混合成色时，随着C、M、Y、K四种成分的增多，反射到人眼的光会越来越少，光线的亮度会越来越低，所以CMYK模式产生颜色的方法又被称为色光减色法。

3.Lab颜色模式

Lab颜色是由RGB三基色转换而来的。该颜色模式由一个发光率(Luminance)和两个颜色(a,b)轴组成。它由颜色轴所构成的平面上的环形线来表示色的变化，其中径向表示色饱和度的变化，自内向外，饱和度逐渐增高；圆周方向表示色调的变化，每个圆周形成一个色环；而不同的发光率表示不同的亮度并对应不同环形颜色变化线。它是一种具有"独立于设备"的颜色模式，即不论使用任何一种监视器或者打印机，Lab的颜色不变。其中a表示从洋红至绿色的范围，b表示黄色至蓝色的范围。

4.位图模式

位图模式用两种颜色（黑和白）来表示图像中的像素。位图模式的图像也叫作黑白图像。因为其深度为1，也称为一位图像。在宽度、高度和分辨率相同的情况下，位图模式的图像尺寸最小，约为灰度模式的1/7和RGB模式的1/22。

5.灰度模式

灰度模式可以使用多达256级灰度来表现图像，使图像的过渡更平滑细腻。灰度图像的每个像素有一个0（黑色）到255（白色）之间的亮度值。灰度值也可以用黑色油墨覆盖的百分比来表示（0%等于白色，100%等于黑色）。

6.索引颜色模式

索引颜色模式是网上和动画中常用的图像模式，当彩色图像转换为索引颜色的图像后包含近256种颜色。索引颜色图像包含一个颜色表。如果原图像中颜色不能用256色表现，则Photoshop会从可使用的颜色中选出最相近颜色来模拟这些颜色，这样可以减小图像文件的尺寸。

7.双色调模式

双色调模式采用2~4种彩色油墨来创建由双色调（2种颜色）、三色调（3种颜色）和四色调（4种颜色）混合其色阶来组成图像。在将灰度图像转换为双色调模式的过程中，可以对色调进行编辑，产生特殊的效果。而双色调模式最主要的用途是使用尽量少的颜色表现尽量多的颜色层次，这对于减少印刷成本是很重要的，因为在印刷时，每增加一种色调就需要付出更多的成本。

8.多通道模式

多通道模式对有特殊打印要求的图像非常有用。例如，如果图像中只使用了一两种或两三种颜色时，使用多通道模式可以减少印刷成本并保证图像颜色的正确输出。Photoshop可以识别和输入16位通道的图像，但对于这种图像限制很多，所有的滤镜都不能使用，另外16位通道模式的图像不能被印刷。

第三节　初识数字图像处理软件

一、Photoshop的工作界面

Photoshop的工作界面主要包括视图控制栏、菜单栏、工具箱、工具选项栏、图像工作区、状态栏及面板区（如图1-3-1）。

图1-3-1　Photoshop的工作界面

视图控制栏：主要用于控制当前图像的操作，如显示的比例、屏幕显示模式、文档的排列方法等。

菜单栏：包括多项菜单命令，利用这些菜单命令可以完成对图像的编辑，如文件的新建、打印、输出及打印等，还可以完成调整图像色彩和添加滤镜特效等操作。

工具箱：包括了多个进行图像编辑的工具，利用这些工具可以完成对图像的各种操作。

工具选项栏：用于预设和修改各种工具及所选对象的参数属性，以便更好地完成对图像的编辑修改。

图像工作区：显示当前打开的图像，以及经过各种工具、颜色调整和其他编辑处理后的图像的实际效果。

状态栏：显示当前文件的现实比例、文档大小及当前工具等信息。

面板区：包括显示视图在图像位置中的导航器、当前对象的位置、颜色、图层、通道和路径等信息的浮动面板，可以通过菜单栏中的窗口菜单对其进行管理。

二、Photoshop的菜单栏

Photoshop的菜单栏主要包括文件、编辑、图像、图层、选择、滤镜、视图、窗口和帮助等菜单，单击任一菜单会出现相应的功能（如图1-3-2）。

文件菜单：主要包括文件的新建、打开、保存、关闭、打印、导入及退出Photoshop软件等功能。

编辑菜单：主要包括对当前对象及选区进行剪切、复制、粘贴、清除、填充、描边、变换等操作,对已操作步骤的还原及前进,对系统画笔、图案、自定义形状、系统颜色设置、菜单、快捷键等进行预设置。

图像菜单：主要包括对图像的颜色模式、亮度、色阶、色相和饱和度等的调整，对图像、画布大小的调整，以及对图像旋转和裁切等操作。

图层菜单：主要包括图层的基本编辑，图层的编组、合并、连接及蒙版等操作。

选择菜单：主要包括对图层的全部选择、取消选择、重新选择、反选，选择所有图层，取消选择图层，选择相似图层，按照容差定义与前景色的相似程度进行选择，以及选区的变换、载入与储存等操作。

滤镜菜单：主要包括对图像进行各种特殊效果的处理，如液化、

图1-3-2　Photoshop的菜单栏

风格化、模糊、扭曲、素描、纹理、像素化和杂色等，每种特殊效果可以通过调整相应的参数来控制。

3D菜单：主要包括对3D图像的绘制、修改、导出等操作。

视图菜单：主要包括用显示器模拟其他输出设备的校样设置，以及图像的缩放、屏幕模式、标尺、对齐、参考线和切片的调整。

窗口菜单：主要包括调整界面中各个区域的显示与隐藏，以及工作区的布置与安排。

帮助菜单：主要包括对软件的介绍以及相关功能的使用方法介绍。

三、Photoshop的工具箱及工具选项栏

工具箱是Photoshop中一个盛放工具的容器，其中包括了各种选择工具、绘图工具、文字工具、颜色工具等，可用于这些工具对图像进行各种编辑操作。在默认状态下，Photoshop的工具箱位于窗口左侧。

要选择工具箱中的工具对图像进行编辑，只需要单击工具箱中的该工具即可。一般可以通过工具箱中的图标来判断选择的是什么工具，当鼠标指针放置于该工具上时，系统将自动显示出该工具的名称及操作快捷键（如图1-3-3）。

在工具箱中，许多工具的右下角都带有一个小三角形，表示该工具图标下隐藏了一个工具组，在该工具图标上点击鼠标右键，即可显示该工具组中的所有工具。显示出隐藏的工具后，将鼠标指针移到要选择的工具图标上，单击鼠标左键即可选择该工具（如图1-3-4）。

工具选项栏位于菜单栏的下方，主要用于设置工具的参数和属性。选择所需工具以后，可以根据需要在工具选项栏中进行参数设置，然后使用工具对图像进行编辑和修改。

每种工具都会有其相对应的工具选项栏，选择不同的工具时，工具选项栏的内容会随之变化。

四、Photoshop的图像工作区

Photoshop以选项卡的形式排列已经打开的图像，并通过单击已打开的图像文件选项卡将其选中。如果打开了多个图像文件，可以通过单击选项卡最右端的箭头按钮，在弹出的文件名称列表中选择要编辑的文件（图1-3-5）。

对于需要编辑的图像文件，可以通过拖曳选项卡的方式使其成为独立窗口，并可通过选项卡上的 ■□×■ 按钮对其进行最小化、最大化及关闭操作（如图1-3-6）。

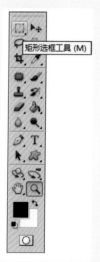

图1-3-3　工具名称及快捷键的显示

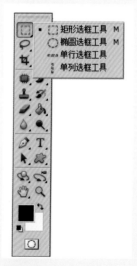

图1-3-4　隐藏工具的显示

图1-3-5　在文件名称列表中选择要编辑的文件

图1-3-6　通过拖曳的方式使图像文件成为独立的窗口

五、Photoshop的状态栏

状态栏位于图像窗口的底部，可以显示图像的视图比例、当前文件的大小、当前使用的工具等信息。状态栏最左侧用于显示图像的显示比例，在显示比例的窗口中可以直接输入数值，以改变图像的显示比例（如图1-3-7）。

单击状态栏最右侧的箭头按钮，弹出一个显示文件的下拉菜单，从中可以选择显示的文件信息（如图1-3-8）。

图1-3-8　状态栏文件菜单

图1-3-7　通过状态栏显示比例窗口
改变图像的显示比例

六、Photoshop的面板区

面板默认位于Photoshop工作界面的右侧，是Photoshop软件中非常重要的辅助工具。启动软件后，程序窗口右侧会出现默认的面板，单击面板右侧 ✖ 图标，可以关闭该面板（如图1-3-9）。

要打开其他面板，可以选择菜单栏中"窗口"命令，在弹出来的下拉菜单中，可以选择所需面板。面板窗口若已在程序窗口中打开，在"窗口"菜单中对应的菜单项前面会显示一个 ✔图标。单击带 ✔图标的菜单命令，该窗口则会关闭（如图1-3-10）。

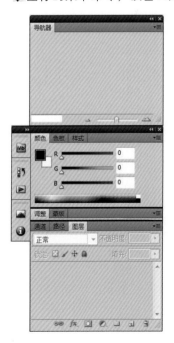

图1-3-9　Photoshop默认面板区

图1-3-10　在"窗口"菜单选择所需面板

第四节　数字图像文件的基本编辑

一、文件的新建及打开

1.文件的新建

单击菜单栏"文件"|"新建"命令，弹出"新建"对话框，可根据需要设定相关内容（如图1-4-1）。包括制定文件名，设置图像的大小、分辨率、颜色模式和背景内容，单击"确定"按钮，即可新建一个空白文件，在"新建"对话框中，各主要选项含义如下。

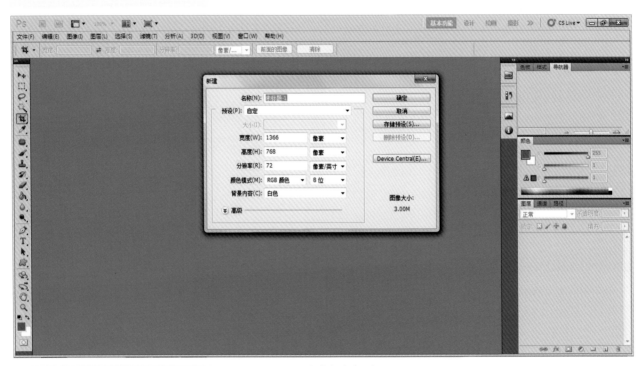

图1-4-1　新建文件对话框

（1）名称：用于设置新文件的名称，可以直接输入。创建新文件以后，名称会显示在图像窗口的标题栏中。保存文件时，该文件会默认以该名字保存。

（2）预设：该下拉菜单中有系统预设的文件尺寸，在选择一个预设以后，可以在"大小"下拉列表中选择相应的大小尺寸（如图1-4-2、图1-4-3）。

（3）宽度和高度：用于设定文件的宽度和高度，数值可以直接输入，单位可以在右侧下拉列表中进行选择（如图1-4-4）。

（4）分辨率：用于设置文件的分辨率，分辨率越高，图像越清晰。数值可以直接输入，单位可以在右侧下拉列表中进行选择（如图1-4-5）。

（5）颜色模式：在其下拉列表中可以选择文件的颜色模式（如图1-4-6）。

（6）背景内容：用于设置新建文件的背景颜色，在其下拉列表中可以进行选择（如图1-4-7）。

图1-4-2　新建文件的预设

图1-4-3　预设新建文件的文件大小

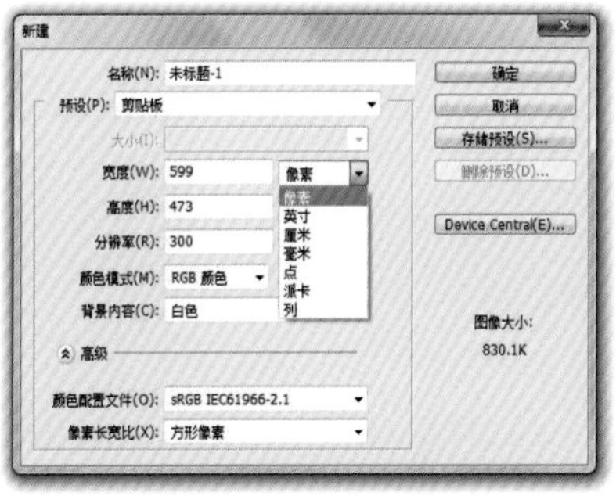

图1-4-4　新建文件的高度和宽度单位设置

图1-4-5　新建文件的分辨率单位设置

图1-4-6　新建文件的颜色模式设置

图1-4-7　新建文件的背景色设置

2.文件的打开

单击菜单栏"文件"｜"打开"命令，弹出"打开"对话框，从中选择所需要的文件，单击"打开"按钮，即可打开该文件。在"打开"对话框中，各主要选项含义如下。

（1）查找范围：在该下拉列表中，可以定位所需文件位置，选择所需文件所在的文件夹（如图1-4-8）。

（2）文件名：选择所需文件，文件名选项显示该文件的文件名。对话框下部显示该文件图像及其文件大小（如图1-4-9）。

（3）文件类型：在该下拉列表中可以选择文件类型，默认为"所有格式"。选择为某一类型后，对话框中只显示该类型的文件（如图1-4-10）。

图1-4-8　打开文件的查找范围

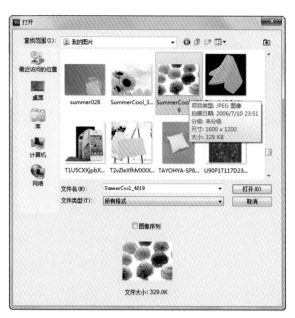

图1-4-9　选择所需打开的文件

图1-4-10　打开文件的类型选择

二、文件的保存

对于需要保存的新建文件或更改后的图像，单击菜单栏中"文件"｜"储存为"命令，弹出"储存为"对话框（如图1-4-11），对话框各主要选项含义如下。

（1）保存在：在其下拉列表中，可以定位所要保存的位置。

图1-4-11 文件的保存

（2）文件名：默认为新建文件时所设置的文件名，若新建文件时未进行重命名，则系统默认为"未标题-1"，在此处也可以直接输入所需名称。

（3）格式：在该下拉列表中可以选择文件所需保存的格式，未设置的情况下默认为"Photoshop(*.PSD;*.PDD)"格式。

如果是对一个已经保存过的文件进行编辑，之后再进行保存，则单击菜单栏中"文件"|"储存"命令，即将所做的修改保存至之前文件，而不再弹出对话框。

三、文件的恢复与关闭

对图像执行若干操作后，若需要将图像恢复到最初的状态，则单击菜单栏中"文件"|"恢复"命令。

若需关闭正在编辑的图像，单击图像窗口标题栏上⊠按钮。或者单击菜单栏"文件"|"关闭"命令，均可关闭图像文件。

四、文件的查看

在进行图像编辑时，需要对图像进行放大或者缩小，以更好地查看图像，下面介绍几种图像的查看工具。

1.缩放工具

在工具箱中选择"缩放工具"，图标为🔍。可以在工具选项栏选择放大或者缩小，图标为🔍🔍 。在需查看的文件上进行单击，即可将图像的显示比例放大或者缩小。

使用"缩放工具"可以在图像文件上需要放大的地方拖曳出矩形框，矩形框中的图像将被放大显示并充满画布。

2.抓手工具

如果放大后的图像大于画布的尺寸，可以在工具箱中选择"抓手工具"，图标，对图像进行拖动，以观察图像的各个位置。

3.缩放命令

在菜单栏单击"视图"|"放大"命令，或者按"Ctrl"+"+"键，可以对图像进行放大。在菜单栏单击"视图"|"缩小"命令，或者按"Ctrl"+"－"键，可以对图像进行缩小。

在菜单栏单击"视图"|"按屏幕大小缩放"命令，或者按"Ctrl"+"0"键，可以将当前图像文件按屏幕大小进行缩放。

在菜单栏单击"视图"|"实际像素"命令，或者按"Ctrl"+"1"键，可以将当前图像文件以100%的比例显示。

4.导航器

"导航器"面板，显示的是当前图像文件的缩略图，利用此面板可以直观的控制和显示图像的状态（如图1-4-12），其各主要选项含义如下。

（1）红色边框：红色边框内图像是当前图像工作区内所显示的图像。

（2）数值框：可在该框内直接输入图像所需的放大或缩小的比例数值。

（3）滑块区：单击滑块双侧按钮，可以对图像进行缩放。向右拖动滑块，可以扩大图像的显示比例，向左拖动滑块，可以缩小图像的显示比例。

图1-4-12　导航器

第二章

数字图像面部美化方法

学习情境：专业电脑教室。

学习方式：由教师讲解数字图像面部后期处理的基
本方法，并指导学生对数字图像面部美
化方法进行练习。

学习目的：使学生掌握数字图像面部美化的方法，
熟练使用所学过的软件工具，并能举一
反三，自主对数字图像面部进行美化。

学习要求：掌握数字图像面部瑕疵修复方法，熟练
使用工具修除眼袋、面部斑点、皱纹及
红眼等；掌握数字图像肌肤修饰方法；
掌握数字图像面部立体感的塑造及细节
修饰方法；掌握数字图像后期上妆方法。

学习准备：Photoshop软件。

图2-1-1　原始素材文件

图2-1-2　图层复制操作

图2-1-3　图层复制

在数字图像的应用领域，人物的面部状态往往是人们关注的焦点，对人物面部的美化需要处理得细致、精美、无瑕。本章主要介绍关于数字图像人物面部常见的瑕疵及其美化的方法。其中，关于人物面部瑕疵方面，主要是学习修除眼袋、面部斑点、皱纹及修除红眼的方法；关于人物面部肌肤方面，主要是学习修除面部油光、对人物进行磨皮、塑造人物肌肤质感的方法。另外，通过Photoshop还可以对人物的脸型进行修饰与美化，增强面部立体感；还可以对人物面部细节进行美化，如对眼部修饰及美化、对牙齿进行矫正及美白、对人物发色进行修饰；还可以通过软件对人物进行后期上妆。

第一节　面部瑕疵修复

一、修除眼袋

本例主要讲述如何使用Photoshop的"修复画笔工具"来修除眼袋。

（1）打开如图2-1-1所示的数字图像原始素材文件。

（2）在"图层"面板区的"背景"图层单击鼠标右键，出现下拉菜单（如图2-1-2），选择"复制图层"，此时，在"图层"面板区出现"背景副本"图层（如图2-1-3）。

（3）在工具箱选择"修复画笔工具"（如图2-1-4）。

（4）将鼠标光标移至眼部下方无瑕疵区，按住Alt键单击以定义修复图像的源点，此时鼠标变成靶心状（如图2-1-5）。

（5）释放Alt键，将光标移至需要修复的区域，进行涂抹（如图2-1-6），以消除眼袋及其周围的小斑点，完成一只眼睛的眼袋修复（如图2-1-7）。

（6）按照（4）~（5）的步骤，重新定义源点，完成另一只眼睛的眼袋修复（如图2-1-8）。

（7）按照上一章讲述的方法，对数字图像进行保存（如图2-1-9）。

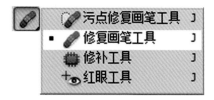

图2-1-4　选择"修复画笔工具"

图2-1-5　定义源点

图2-1-6　进行涂抹

图2-1-7　完成一只眼睛的眼袋修复

图2-1-8　完成另一只眼睛的眼袋修复

图2-1-9　完成图

二、修除面部斑点

本例主要讲述如何使用Photoshop的"污点修复画笔工具"及"模糊工具"来修除人物面部斑点。

（1）打开如图2-1-10所示的数字图像原始素材文件。

（2）在"图层"面板区的"背景"图层单击鼠标右键，出现下拉菜单，选择"复制图层"，此时，"图层"面板区出现"背景副本"图层。

（3）在工具箱选择"污点修复画笔工具"（如图2-1-11），在工具选项栏内调整工具的参数，大小根据斑点大小调整，硬度调整为0%（如图2-1-12）。

（4）将光标移至斑点所在位置（如图2-1-13），单击以消除斑点（如图2-1-14）。

（5）按照上一步骤，对其余斑点进行修复。

（6）放大图像，观察去除斑点后留有痕迹和毛孔较为粗大的面部区域（如图2-1-15）。

图2-1-10　原始素材文件

图2-1-11　选择"污点修复画笔工具"

19

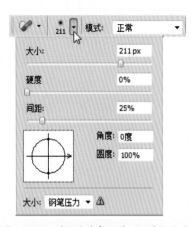

图2-1-12 对污点修复画笔工具进行设置

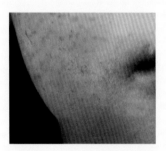

图2-1-15 放大修除斑点后区域

图2-1-16 选择"模糊工具"

图2-1-18 原始素材文件

（7）在工具箱选择"模糊工具"（如图2-1-16）。

（8）对去除斑点后留有痕迹和毛孔较为粗大的面部区域进行涂抹。

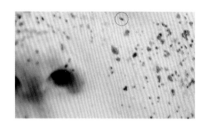

图2-1-13 选择单个斑点

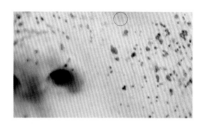

图2-1-14 对单个斑点进行消除

（9）完成修复，按照上一章讲述的方法，对数字图像进行保存（如图2-1-17）。

图2-1-17 完成图

三、修除皱纹

本例主要讲述如何使用Photoshop的"仿制图章工具"来修除人物面部皱纹。与之前所介绍的"修复画笔工具"相比，"仿制图章工具"是无损仿制，取样的图像是什么样，仿制到目标位置时还是什么样。而"修复画笔工具"有一个运算的过程，在涂抹过程中它会将取样处的图像与目标位置的背景相融合，自动适应周围环境。

（1）打开如图2-1-18所示的数字图像原始素材文件。

（2）在"图层"面板区的"背景"图层单击鼠标右键，出现下拉菜单，选择"复制图层"，此时，"图层"面板区出现"背景副本"图层。

（3）在工具箱选择"仿制图章工具"（如图2-1-19）。在工具选项栏内调整工具的参数，参数大小应根据皱纹大小调整。工具选项栏中的"对齐"选项可控制"仿制图章工具"的取样源（如图2-1-20）。在不勾选"对齐"选项时情况下单击左键仿制，仿制源是不会移动的。而在勾选"对齐"选项的情况下仿制源是随着仿制位置的移动而移动。

图2-1-19　选择"仿制图章工具"

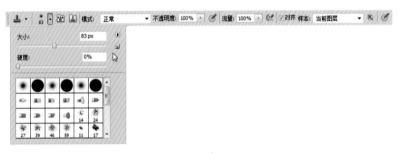

图2-1-20　对"仿制图章工具"进行设置

（4）将鼠标光标移至皱纹旁边的无瑕疵区，按住Alt键单击以定义修复图像的源点，此时鼠标变成靶心状（如图2-1-21）。

（5）释放Alt键，将光标移至需要修复的区域，进行涂抹，以消除该条皱纹（如图2-1-22）。

图2-1-21　定义修复图像的源点

图2-1-22　对皱纹进行涂抹以消除皱纹

图2-1-23　完成图

（6）按照第（4）~（5）的步骤，在不同皱纹附近重新定义源点，完成全部皱纹的修复（如图2-1-23）。

四、修除红眼

本例主要讲述如何使用Photoshop的"红眼工具"来修除红眼。

（1）打开如图2-1-24所示的数字图像原始素材文件。

（2）在"图层"面板区的"背景"图层单击鼠标右键，出现下拉菜单，选择"复制图层"，此时，"图层"面板区出现"背景副本"图层。

图2-1-24　原始素材文件

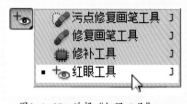

图2-1-25 选择"红眼工具"

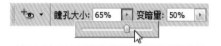

图2-1-26 对"红眼工具"的参数进行设置

图2-1-27 修正单只红眼

图2-2-1 原始素材文件

图2-2-2 选择"修复画笔工具"

（3）在工具箱选择"红眼工具"（如图2-1-25）。在工具选项栏内调整"红眼工具"的参数（如图2-1-26）。拖曳选项栏中的"瞳孔大小"选项下面的滑块，可增大或者缩小受"红眼工具"影响的区域。"变暗量"选项，可以设置校正红眼的暗度。

（4）放大图像眼部区域，单击红眼区域，修正单只红眼（如图2-1-27）。

（5）单击另一只红眼区域，完成红眼修正（如图2-1-28）。

图2-1-28 完成图

第二节 打造完美肌肤

一、修除面部油光

本例主要讲述如何使用Photoshop的"修复画笔工具"及菜单栏"图像"|"调整"命令来修除面部油光。

（1）打开如图2-2-1所示的数字图像原始素材文件。

（2）在"图层"面板区的"背景"图层单击鼠标右键，出现下拉菜单，选择"复制图层"，此时，"图层"面板区出现"背景副本"图层。

（3）在工具箱选择"修复画笔工具"（如图2-2-2）。在工具选项栏内调整"修复画笔工具"的参数，按照面部油光区域大小调节画笔大小，并适当降低画笔硬度（如图2-2-3）。将该工具模式设置为"变暗"（如图2-2-4）。

（4）放大图片，将鼠标光标移至油光附近无瑕疵区，按住Alt键单击以定义修复图像的源点，此时鼠标变成靶心状（如图2-2-5）。

（5）释放Alt键，将光标移至油光区域，进行涂抹（如图2-2-6），以修除油光区域。

图2-2-3 调整"修复画笔工具"参数

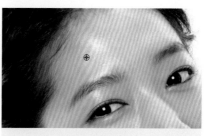

图2-2-5 定义源点

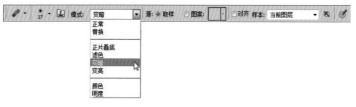

图2-2-4 设置 "修复画笔工具"模式

图2-2-6 进行涂抹

（6）按照第（4）~（5）的步骤，定义源点，完成其他油光区域的修除（如图2-2-7）。

（7）单击菜单栏"图像"|"调整"命令，选择"亮度/对比度"命令（如图2-2-8）。

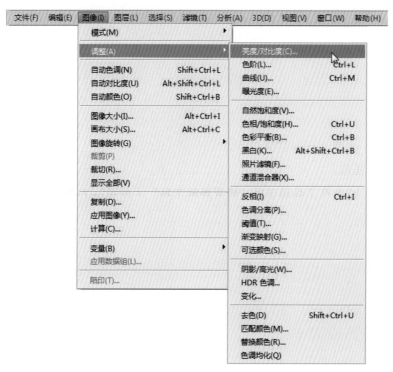

图2-2-8 单击"亮度/对比度"命令

图2-2-7 修除全脸油光区域

图2-2-11　完成图

（8）弹出"亮度/对比度"对话框，适当调整图像的亮度及对比度（如图2-2-9）。

（9）以同样步骤打开"阴影/高光"对话框，对图像进行适当调整（如图2-2-10）。

（10）完成面部油光的修除，储存图片（如图2-2-11）。

图2-2-9　"亮度/对比度"对话框

图2-2-10　"阴影/高光"对话框

二、磨皮

本例主要讲述如何使用Photoshop的"修复画笔工具"、"蒙版"、"滤镜" | "模糊"命令来对皮肤进行美化处理。

（1）打开如图2-2-12所示的数字图像原始素材文件。

（2）按照之前介绍过的方法，使用"修复画笔工具"，对面部的痘痘等个别突出的瑕疵进行修复（如图2-2-13）。

（3）复制图层，图层混合模式改为"滤色"（如图2-2-14）。

（4）图层"透明度"改为"80%"（如图2-2-15）。

（5）按住Shift+Ctrl+Alt+E键，盖印一个图层，单击菜单栏"滤镜" | "模糊" | "高斯模糊"（如图2-2-16）。

图2-2-14　调整图层模式

图2-2-12　原始素材文件

图2-2-13　使用"修复画笔工具"进行修复后效果

图2-2-16 单击"高斯模糊"命令

图2-2-15 调整图层透明度

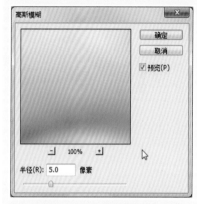

图2-2-17 设置模糊半径数值

（6）弹出"高斯模糊"对话框，设置合适的模糊半径数值，数值越高，模糊力度越大（如图2-2-17）。

（7）单击图层下方"添加矢量蒙版"按钮，为模糊后的图层添加矢量蒙版，图层出现蒙版标志（如图2-2-18）。

（8）在工具栏选择"画笔工具"（如图2-2-19），"颜色"设置为"黑色"，"硬度"设置为"0%"。

（9）用画笔工具在蒙版图层进行涂抹，将除面部皮肤以外的区域都涂抹出来，使面部区域清晰（如图2-2-20），此时，图层区将显示出已涂抹区域（如图2-2-21）。

（10）按住Shift+Ctrl+Alt+E键，盖印一个图层，在工具栏选择"套索工具"（如图2-2-22）。

图2-2-18 单击"添加矢量蒙版"按钮

图2-2-20 使用"画笔"涂抹后效果

图2-2-21 图层区显示出已涂抹区域

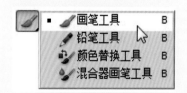

图2-2-19 选择"画笔工具"

图2-2-22 选择"套索工具"

（11）在面部有杂色的地方使用"套索工具"进行选取，按照之前的步骤再进行一次"高斯模糊"（如图2-2-23）。

（12）复制图层，图层混合模式改为"柔光"，"透明度"改为"50%"左右（如图2-2-24）。

（13）完成皮肤美化处理，储存图片（如图2-2-25）。

图2-2-23 局部"高斯模糊"

图2-2-24 调整图层模式

图2-2-25 完成图

三、再造肌肤质感

本例主要讲述如何使用Photoshop的"通道"、"滤镜"|"高反差保留"、"图像"|"计算"、"图像"|"调整"|"曲线"等命令来对皮肤进行美化处理。

（1）打开如图2-2-26所示的数字图像素材文件。

（2）按照之前介绍过的方法，复制背景图层。进入通道，选择斑点较多的蓝色通道，点击右键，复制蓝色通道（如图2-2-27）。

（3）弹出"复制通道"对话框，点击确定，复制蓝色通道（如图2-2-28）。

图2-2-26 原始素材文件

（4）在刚建立的蓝色通道上，菜单栏选择"滤镜"|"其他"|"高反差保留"（如图2-2-29）。

图2-2-27 复制蓝色通道

图2-2-28 "复制通道"对话框

图2-2-29 选择"高反差保留"

（5）弹出"高反差保留"对话框，半径选择10像素（如图2-2-30）。

（6）画面出现"高反差保留"后效果（如图2-2-31）。

（7）单击菜单栏"图像"|"计算"命令（如图2-2-32）。

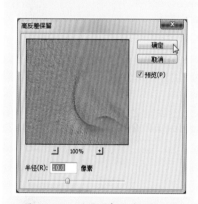

图2-2-30 设置"高反差保留"值

图2-2-32 单击菜单栏"计算"命令

图2-2-31 使用"高反差保留"后效果

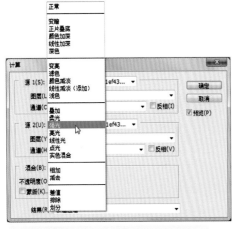

图2-2-33　"计算"对话框

（8）弹出"计算"对话框，在"混合"一栏选择"强光"（如图2-2-33）。

（9）连续操作三次，通道区域出现Alpha1、Alpha2、Alpha3三个通道（如图2-2-34）。

（10）画面出现"计算"后效果（如图2-2-35）。

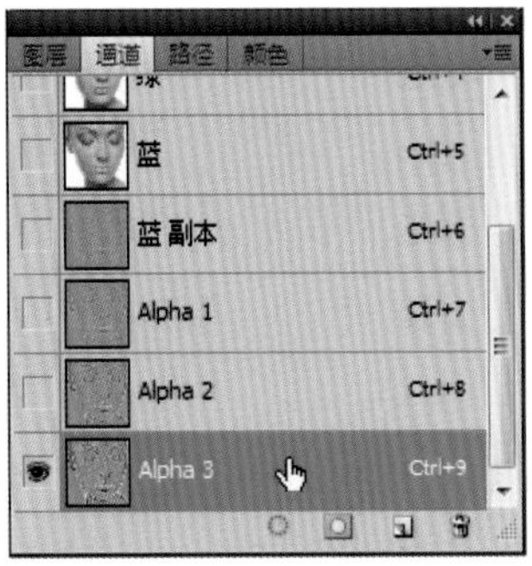

图2-2-34　通道区域效果

图2-2-35　"计算"后效果

（11）单击通道下方"载入选区"按钮（如图2-2-36），载入后出现选区效果（如图2-2-37）。

（12）单击RGB通道，返回RGB通道模式（如图2-2-38）。

（13）在菜单栏单击"选择"|"反向"命令（如图2-2-39），反向选区。

（14）在菜单栏单击"图像"|"调整"|"曲线"命令（如图2-2-40）。

（15）弹出"曲线"对话框，按住曲线中部向上拖动，提亮选区（如图2-2-41）。

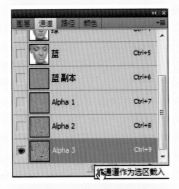

图2-2-36　单击"载入选区"按钮

图2-2-37　载入后选区效果

图2-2-38　单击RGB通道

图2-2-39　单击"反向"命令

图2-2-40　单击"曲线"命令

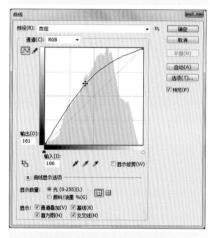

图2-2-41　"曲线"对话框

（16）在菜单栏单击"选择"|"取消选择"命令（如图2-2-42），取消选区。

（17）返回图层界面（如图2-2-43），完成肌肤质感调整，储存图片（如图2-2-44）。

图2-2-42　单击"取消选择"命令

图2-2-43　返回图层界面

图2-2-44　完成图

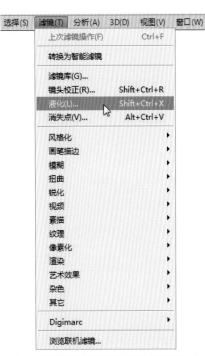

图2-3-2　单击"液化"命令

第三节　面部立体感

一、脸型的修饰及美化

　　脸型影响人们对于人物的整体观感，在摄影过程中，由于模特或者摄影师的问题，经常出现面部轮廓不完美的现象。本例主要讲述如何使用Photoshop的"滤镜"|"液化"等命令来对脸型进行美化处理。

　　（1）打开如图2-3-1所示的数字图像原始素材文件。

　　（2）按照之前介绍过的方法，复制背景图层。单击菜单栏"滤镜"|"液化"命令（如图2-3-2）。

　　（3）弹出"液化"页面（如图2-3-3）。

图2-3-1　原始素材文件

图2-3-3　"液化"页面

（4）在"液化"页面左侧工具栏单击以选择"冻结蒙版工具" （如图2-3-4）。

（5）根据需要调整位置的大小，在"液化"页面右侧"工具选项"区域调整工具的画笔大小等属性（如图2-3-5）。

（6）利用"冻结蒙版工具"在人物面部不需要被调整的区域进行涂抹，如人物五官、头发等区域，以便在调整脸型时保持其形态（如图2-3-6）。

（7）在"液化"页面左侧工具栏单击以选择"向前变形工具" （如图2-3-7）。

图2-3-4　选择"冻结蒙版工具"

图2-3-5　调整工具属性

图2-3-6　使用"冻结蒙版工具"进行涂抹

图2-3-7　选择"向前变形工具"

（8）点击需要调整的轮廓，拖动"向前变形工具"对人物两侧脸颊进行调整（如图2-3-8）。

（9）拖动"向前变形工具"对人物下巴部分进行调整（如图2-3-9）。

（10）根据图像需要，完成细节修饰，单击"确定"按钮。完成人物脸型调整（如图2-3-10）。

图2-3-8　调整人物脸颊

图2-3-9　调整人物下巴

图2-3-10　完成图

图2-3-11　原始素材文件

图2-3-12　选择"套索工具"

图2-3-13　套选鼻梁阴影区域

图2-3-15　"羽化"对话框

二、增强面部立体感

人物面部，特别是东方人面部，立体感较弱，再加上拍照时光影处理问题，人物面部很容易没有立体感。本例主要讲述如何使用Photoshop的"套索工具"及"调整"|"曲线"等命令来增强人物面部立体感。

（1）打开如图2-3-11所示的数字图像原始素材文件。

（2）在工具栏选择"套索工具"（如图2-3-12）。

（3）使用套索工具，套选人物鼻梁侧面需要加深阴影部分（如图2-3-13）。

（4）在菜单栏单击"选择"|"修改"|"羽化"命令，以柔和选区边界（如图2-3-14）。

（5）弹出"羽化"对话框，对羽化半径进行设置，此处设置为10像素（如图2-3-15）。

图2-3-14　单击"羽化"命令

（6）在菜单栏单击"图像"|"调整"|"曲线"命令，以改变选择区域亮度（如图2-3-16）。

（7）弹出"曲线"对话框，按住曲线中部向下拖动，加深选区（如图2-3-17）。

（8）在菜单栏单击"选择"|"取消选择"命令，取消已选择的选区（如图2-3-18）。

图2-3-16 单击"曲线"命令

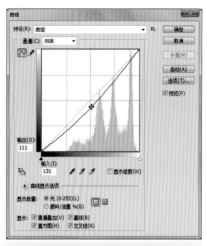

图2-3-17 "曲线"对话框

图2-3-18 单击"取消选区"命令

（9）按照之前的步骤，对图像的鼻梁另一侧进行加深（如图2-3-19），并依照此步骤，对鼻子底部、脸颊两侧、下巴底部进行加深处理。

（10）利用"套索工具"选择图像的额头正面区域（如图2-3-20）。

（11）在菜单栏单击"图像"|"调整"|"曲线"命令，弹出"曲线"对话框，按住曲线中部向上拖动，提亮选区（如图2-3-21）。

（12）以相同方法，提亮面部的鼻梁中部、下巴中部、脸颊中部等突出区域（如图2-3-22）。

（13）对面部其他需要提亮或者加深的细节进行处理，完成图像面部立体感塑造（如图2-3-23）。

图2-3-19 对鼻梁进行加深

图2-3-20 选择额头正面区域

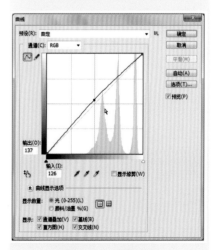

图2-3-21 提亮选区

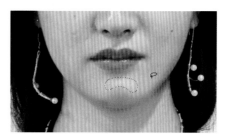

图2-3-22 提亮下巴中部区域　　　　　图2-3-23 完成图

第四节　细节修饰

一、眼部修饰及美化

眼睛是心灵的窗户，一双光亮的眸子是一张数字图像的点睛之笔。本例主要讲述如何使用Photoshop的"套索工具"、"图像"|"调整"|"亮度/对比度"、"图像"|"调整"|"色相/饱和度"等命令及"画笔工具"来对人物的眼部进行修饰与美化。

（1）打开如图2-4-1所示的数字图像原始素材文件。

（2）放大图像，在工具栏选择"套索工具"，套选图像的黑眼球的反光区域（如图2-4-2）。

（3）在菜单栏单击"选择"|"修改"|"羽化"命令，以柔和所选区域的边界。弹出"羽化"对话框，对羽化半径进行设置，此处设置为5像素（如图2-4-3）。

（4）在菜单栏单击"图像"|"调整"|"亮度/对比度"命令（如图2-4-4）。

图2-4-1　原始素材文件

图2-4-2　选择黑眼球反光区域

图2-4-3　"羽化"对话框

图2-4-4　单击"亮度/对比度"命令

（5）弹出"亮度/对比度"对话框，向右拖动"亮度"的滑块条，提亮所选区域亮度（如图2-4-5）。

（6）按照以上步骤，对另外一只眼睛的黑眼球的反光区域进行提亮（如图2-4-6）。

（7）工具栏选择"套索工具"，套选图像的白眼球区域，根据之前的步骤，选择羽化命令，对所选区域进行羽化（如图2-4-7）。

（8）在菜单栏单击"图像"|"调整"|"色相/饱和度"命令（如图2-4-8）。

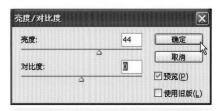

图2-4-5　"亮度/对比度"对话框

图2-4-8　单击"色相/饱和度"命令

图2-4-6　反光区域提亮效果

（9）弹出"色相/饱和度"对话框，向左拖动"饱和度"的滑块条，降低所选区域的颜色饱和度，向右拖动"明度"的滑块条，增加所选区域的明度（如图2-4-9）。

（10）按照以上步骤，对另外一只眼睛的白眼球区域进行提亮（如图2-4-10）。

（11）在工具箱选择"画笔工具"（如图2-4-11）。

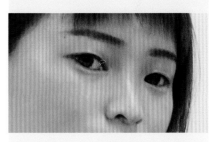

图2-4-7　选择白眼球区域

图2-4-9　"色相/饱和度"对话框

图2-4-10　白眼球区域提亮效果

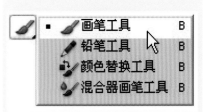

图2-4-11　选择"画笔工具"

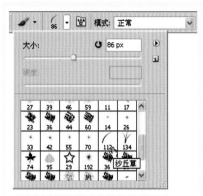

图2-4-12 设置画笔参数

（12）在工具选项栏对画笔的参数进行调整，选择类似于睫毛的112号"沙丘草"画笔样式，并根据眼睛大小调整好画笔大小（如图2-4-12），也可在面板区域的画笔栏对画笔进行详细的参数设置（如图2-4-13）。

（13）新建图层，在该图层上进行睫毛绘制（如图2-4-14）。

（14）对于大小或者方向不满意的睫毛，按Ctrl+T键，对睫毛进行自由变换，可以拖动边框或者四角改变睫毛的大小或者方向（如图2-4-15）。

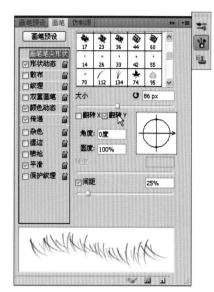

图2-4-13 面板区域画笔栏

（15）画好2~3根睫毛后，复制该图层，调整睫毛方向及大小，使其适合眼部轮廓。完成眼部上睫毛的复制和调整后，按住Ctrl键，选中所有绘制睫毛的图层，单击鼠标右键，合并图层（如图2-4-16）。

图2-4-16 合并绘制图层

图2-4-14 绘制睫毛

图2-4-15 调整单根睫毛大小及方向

（16）按照以上步骤绘制下眼睫毛，并适当降低图层的透明度，完成单个眼睛的睫毛美化（如图2-4-17）。

（17）根据以上步骤，对另外一只眼睛进行睫毛美化，完成眼部的修饰及美化（如图2-4-18）。

图2-4-17 完成单个眼睛的睫毛美化

图2-4-18 完成图

二、牙齿的矫正及美白

在进行人像摄影时，很容易出现模特的牙齿有缺陷或者牙齿颜色过黄等情况，牙齿的整洁美观关系到对人像的整体印象。本例主要讲述如何使用Photoshop的"仿制图章工具"、"创建新的填充或调整图层"｜"色相/饱和度"等命令来对人物的牙齿进行矫正及美白。

（1）打开如图2-4-19所示的数字图像原始素材文件。

（2）放大图像，在工具栏选择"仿制图章工具"（如图2-4-20），根据之前讲述过的方法，对牙齿缺陷部分进行修复（如图2-4-21）。

（3）在工具栏选择"磁性套索工具"（如图2-4-22）。

（4）使用磁性套索工具选择上牙齿部分，在牙齿最左侧单击以确定开始选择点，根据牙齿的形状移动鼠标，"磁性套索工具"会自动根据牙齿的边界进行选择，若自动生成的轮廓不满意，可以按Delete键取消自动生成的磁点，并可以根据需求单击鼠标左键以确定新的磁点（如图2-4-23）。

（5）使用"磁性套索工具"勾选上牙齿回到起点，单击鼠标左键，Photoshop自动生成选区（如图2-4-24），根据之前介绍过的方法，对选区进行羽化，此处羽化半径为5像素。

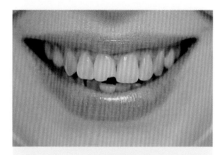

图2-4-19　原始素材文件

图2-4-20　选择"仿制图章工具"

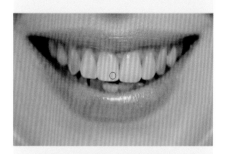

图2-4-21　修复牙齿缺陷区域

图2-4-22　选择"磁性套索工具"

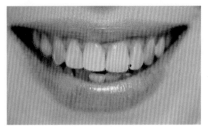

图2-4-23　使用磁性套索工具进行选择

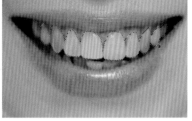

图2-4-24　完成选择上牙齿部分

（6）单击面板区的图层面板下部的"创建新的填充或调整图层"按钮 ⊘. 。在弹出的菜单中选择"色相/饱和度"命令（如图2-4-25）。

（7）弹出"色相/饱和度"对话框，单击"全图"下拉菜单，选择"黄色"（如图2-4-26）。

（8）在"色相/饱和度"对话框内，向右拖动"明度"滑块条，提高所选区域明度（如图2-4-27）。

图2-4-25 选择"色相/饱和度"命令

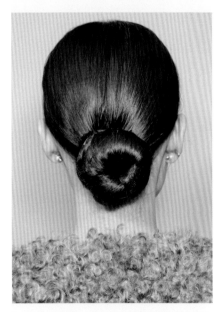

图2-4-30 原始素材文件

图2-4-31 选择"磁性套索工具"

（9）完成上牙齿部分的美化（如图2-4-28）。

（10）根据之前的步骤，完成下牙齿部分的美化（如图2-4-29）。

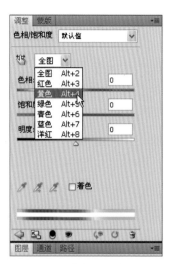

图2-4-26 "色相/饱和度"对话框

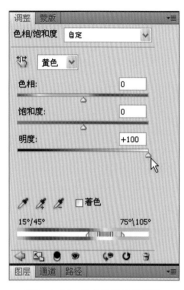

图2-4-27 提高所选区域明度

图2-4-28 完成上牙齿部分美化

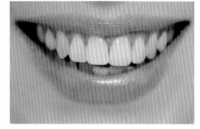

图2-4-29 完成图

三、发色修饰

发型是人像摄影必须考虑的因素，改变头发的颜色，不一定要通过染发，使用Photoshop也可以实现。本例主要讲述如何使用Photoshop的"磁性套索工具"、"橡皮擦工具"及"创建新的填充或调整图层"|"曲线"等命令来对人物发色进行修饰。

（1）打开如图2-4-30所示的数字图像原始素材文件。

（2）复制背景图层，在工具栏选择"磁性套索工具"（如图2-4-31）。

（3）根据之前介绍过的方法，使用磁性套索工具对人物头发区域进行选择，选择区域要精准（如图2-4-32）。

（4）在菜单栏单击"选择"|"修改"|"羽化"命令，以柔和所选区域的边界。弹出"羽化"对话框，对羽化半径进行设置，此处设置为3像素（如图2-4-33）。

图2-4-33 羽化所选区域

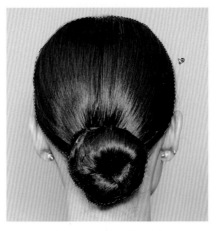

图2-4-32 选择头发区域

（5）单击面板区的图层面板下部的"创建新的填充或调整图层"按钮 ![icon]，在弹出的菜单中选择"曲线"命令（如图2-4-34）。

图2-4-34 选择"曲线"命令

（6）弹出"曲线"对话框（如图2-4-35），单击"RGB"下拉菜单，选择"红色"。

（7）按住"红色"曲线中部向上拖动，提亮选区内红色色相（如图2-3-36）。

（8）在"曲线"对话框，单击"RGB"下拉菜单，选择"绿色"，按住"绿色"曲线中部向下拖动，减少选区内绿色色相（如图2-4-37）。

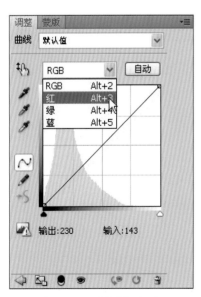

图2-4-35 "曲线"对话框

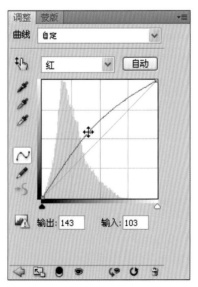

图2-4-36 提亮"红色"

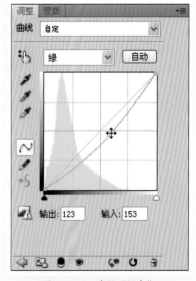

图2-4-37 降低"绿色"

图2-4-38 选择"橡皮擦工具"

（9）在工具栏选择"橡皮擦工具"（如图2-4-38）。

（10）在工具选项栏设置"橡皮擦工具"参数，"硬度"设置为"0%"（如图2-4-39）。

（11）放大图像，使用橡皮擦工具，擦去"曲线"图层头发以外的颜色区域，以修整发色外部轮廓（如图2-4-40）。

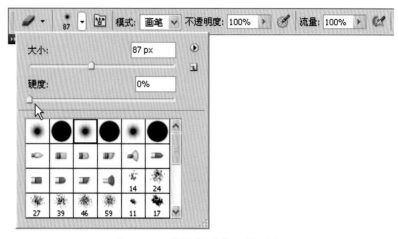

图2-4-39 设置"橡皮擦工具"参数

图2-4-40 修整发色外部轮廓

（12）对轮廓细节进行处理，完成发色修饰（如图2-4-41）。

（13）按照之前介绍的方法，在"曲线"对话框，分别调整"红色""绿色""蓝色"曲线，还可以根据需要，将人物头发修饰成不同的发色（如图2-4-42、图2-4-43）。

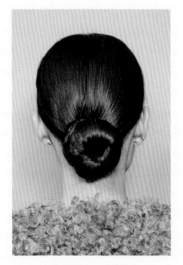

图2-4-41 完成图

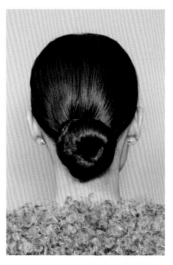

图2-4-42 发色修饰（1）

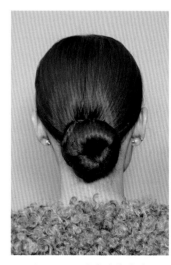

图2-4-43 发色修饰（2）

第五节　后期上妆

　　对于拍摄没有化妆或者化妆效果不满意的数字人像，可以使用Photoshop对其进行化妆。本例主要讲述如何使用Photoshop的"画笔工具"、"橡皮擦工具"及"图层混合模式"等命令来对人物进行后期上妆。

图2-5-2　单击"新建图层"按钮

　　（1）打开如图2-5-1所示的数字图像原始素材文件。

　　（2）单击面板区图层面板下部的"新建图层"按钮 ，新建一个空白图层（如图2-5-2）。

　　（3）在工具栏选择"画笔工具"，在工具选项栏设置"画笔"参数，"画笔样式"选择"柔边圆"，"硬度"设置为"0%"（如图2-5-3）。

　　（4）在工具栏双击"设置前景色"工具，为画笔设置颜色（如图2-5-4）。

图2-5-1　原始素材文件

　　（5）弹出"拾色器（前景色）"对话框，上下拖动右侧滑块可以选择颜色大体范围，再在拾色窗口中单击以选择自己需要的颜色（如图2-5-5）。

　　（6）使用"画笔工具"在人物上眼睑区域绘制眼影（如图2-5-6）。

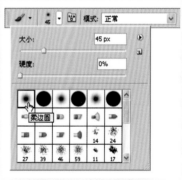

图2-5-3　设置画笔参数

图2-5-4　双击"设置前景色"工具

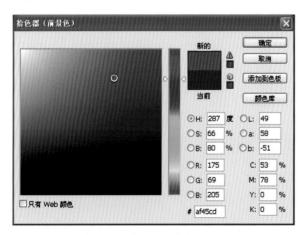

图2-5-5　"拾色器（前景色）"对话框

图2-5-7　设置图层混合模式

图2-5-8　降低图层"不透明度"

（7）在面板区图层面板，单击"图层混合模式"下拉按钮，设置该图层的为"柔光"（如图2-5-7）。

（8）根据图像需求，在面板区图层面板降低该图层"不透明度"，此处"不透明度"降低为"50％"左右（如图2-5-8），人物眼影上妆完成（如图2-5-9）。

（9）根据以上步骤，新建图层，画笔颜色设置为黑色，完成人物眉毛的上妆（如图2-5-10）。

（10）新建图层，重新设置画笔，对人物的嘴唇区域进行绘制。若绘制不够精细，可以使用"橡皮擦工具"将绘制出人物牙齿区域及唇部以外的区域擦去（如图2-5-11）。

图2-5-6　绘制眼影

图2-5-9　完成眼影上妆

图2-5-10　完成眉毛上妆

（11）在面板区图层面板，单击"图层混合模式"下拉按钮，设置该图层的为"线性加深"（如图2-5-12）。

（12）根据图像需求，在面板区图层面板降低该图层"不透明度"，此处"不透明度"降低为"41％"（如图2-5-13），完成人物唇部上妆。

（13）根据之前介绍过的步骤，新建图层，设置画笔工具，在人物脸颊部分绘制腮红（如图2-5-14）。

（14）在面板区图层面板，单击"图层混合模式"下拉按钮，设置该图层的为"柔光"，图层"不透明度"设置为"48%"，使用"橡皮擦工具"将绘制在人物脸颊以外的区域擦去，完成人物的腮红上妆（如图2-5-15）。

（15）根据需要，还可以使用以上方法，自行对人物绘制眼线和对睫毛等部位进行上妆。调整细节，完成人物后期上妆（如图2-5-16）。

图2-5-11　绘制人物嘴唇区域

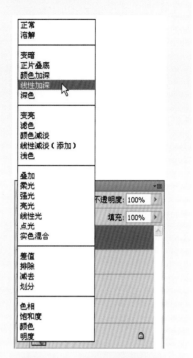

图2-5-12　设置图层混合模式

图2-5-14　绘制腮红

图2-5-15　完成腮红上妆

图2-5-13　降低图层"不透明度"

图2-5-16　完成图

第三章

数字图像人体美化方法

学习情境：专业电脑教室。

学习方式：由教师讲解数字图像人体后期处理的基
本方法，并指导学生练习数字图像人体
美化的方法。

学习目的：使学生掌握数字图像人体美化的方法，
熟练使用所讲解过的软件工具，并能举
一反三，灵活运用于以后的学习工作中。

学习要求：掌握数字图像创建清晰整体人像的方
法；掌握数字图像人体体型修饰方法 。

学习准备：Photoshop软件。

在数字图像中，人物体型影响数字图像的整体观感，在此模块，主要讲述如何使用Photoshop对人物体型进行修饰与美化。在数字图像拍摄过程中，由于场地或其他条件的限制，对人像的创建可能不尽如人意，因此要求在数字图像的后期处理中使用软件来创建清晰的整体人像，如对人像杂乱的背景进行处理，对人像的衣服及饰品进行处理，对人像进行凸显与美化，等等。此外，对于人物体型过胖或者过瘦也可以通过后期的处理进行修饰，如对人物进行丰胸、瘦腰修饰，对人物的四肢及肌肤色调进行调整，等等。

第一节　创建清晰的整体人像

一、人像背景处理

在拍摄数字图像时，由于环境因素，可能会将旁边的路人或者不需要的人物一同取到图像中，从而造成图像的"不完美"，影响整体效果。本例主要讲述如何使用Photoshop的"钢笔工具""仿制图章工具"及"修补工具"等将背景中的杂物去掉，突出主题人物。

（1）打开如图3-1-1所示的数字图像原始的素材文件。

（2）在工具栏选择"钢笔工具"（如图3-1-2）。

（3）在背景人物区单击鼠标左键，创建第一个描点，根据图像外轮廓移动鼠标，单击鼠标创立第二个描点，描点之间自动形成线段。需要创建曲线线段时，点击鼠标左键拖动，出现控制杆，拖动控制杆的任意一边，即可创造曲线线段，曲线线段默认与控制杆成切线。需要取消控制杆时，按住Alt键，单击描点，即可取消控制杆，与下一描点之间再次默认为直线线段（如图3-1-3）。

图3-1-2　选择"钢笔工具"

图3-1-3　使用"钢笔工具"勾选人物

图3-1-1　原始素材文件

（4）使用"钢笔工具"对人物进行勾选，回到起点位置，单击鼠标以形成闭合路径，完成整个人物上半身的勾选（如图3-1-4）。

（5）按住Ctrl+Enter键，将路径转化为选区（如图3-1-5），将修补区域定位于选区范围内。

（6）在工具栏选择"仿制图章工具"，将周围的蓝色天空定位为源点，然后对选区内人物进行涂抹（如图3-1-6），完成人物上半身的修除（如图3-1-7）。

（7）按照之前的步骤，完成人物下半身的修除（如图3-1-8）。

（8）在工具栏选择"修补工具"（如图3-1-9）。

图3-1-4　完成人物勾选

图3-1-5　将路径转化为选区

图3-1-6　去除人物

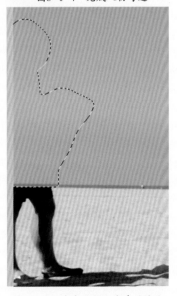

图3-1-7　完成人物上半身的修除

图3-1-8　完成人物下半身的修除

图3-1-9　选择"修补工具"

（9）使用"修补工具"勾选人物投影区域（如图3-1-10）。

（10）在工具选项栏中设置单击"源"选项，设置修补来源（如图3-1-11）。

图3-1-11　设置修补来源

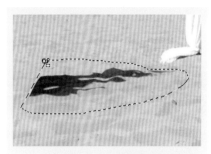

图3-1-10　勾选投影区域

（11）拖动选区，将选区拖动到空白沙丘区域（如图3-1-12），修除人物投影（如图3-1-13）。

（12）按照之前的步骤，修除另一边的人物（如图3-1-14）。

（13）放大图像，按照之前的步骤，选择"修补工具"，修除背景人物（如图3-1-15）。

（14）检查图像，修除人物背景及沙滩上的其他杂物，完成图像背景处理（如图3-1-16）。

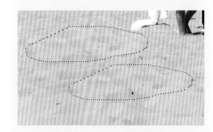

图3-1-12　修除人物投影

图3-1-13　修除单个人物

图3-1-14　修除人物

图3-1-15　修除背景人物

图3-1-16　完成图

图3-1-18　选择"修补工具"

图3-1-19　修除人物肩带

图3-1-20　仿制图案工具

图3-1-21　修除肩带效果

二、人像衣服及饰品处理

在人像摄影时，由于现场条件的限制，人物的衣服及饰品拍摄效果有时不尽如人意。本例为一组展示珠宝的人像摄影，主要讲述如何使用Photoshop的"修补工具"、"仿制图章工具"、"模糊工具"、"加深工具"及"图像"|"调整"命令来修整人物的服装，强调饰品。

（1）打开如图3-1-17所示的数字图像原始的素材文件。

（2）放大图像，在工具栏选择"修补工具"（如图3-1-18），修除人物肩带（如图3-1-19）。

（3）在工具栏选择"仿制图章工具"（如图3-1-20），修除肩带的细节部分（如图3-1-21）。

图3-1-17　原始素材文件

（4）放大图像，使用"仿制图章工具"修整人物服装（如图3-1-22）。

（5）在工具栏选择"模糊工具"（如图3-1-23），对已经修整好的服装边缘进行模糊。

（6）在工具栏选择"加深工具"（如图3-1-24），按照光照方向对已修整好的服装边缘进行加深（如图3-1-25）。

（7）在工具栏选择"快速选择工具"（如图3-1-26），在工

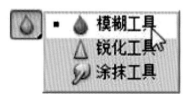

图3-1-23　选择"模糊工具"

图3-1-24　选择"加深工具"

图3-1-25　加深服装边缘

图3-1-26　选择"快速选择工具"

图3-1-22　修整人物服装

具选项栏设置该工具的参数，点击"增加选区"按钮 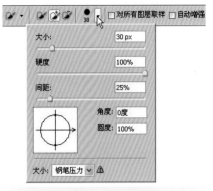，可以单击需要选择的区域以增加选区。点击"从选区减去"按钮 ，单击不需要选择的区域，则可以从选区减去所选部分。单击画笔下拉菜单，可以修改"快速选择工具"的大小、硬度等（如图3-1-27）。

图3-1-27　调整"快速选择工具"参数

（8）使用"快速选择工具"，选择人物所佩戴首饰（如图3-1-28），并对选区进行"羽化"处理，羽化半径为5像素。

（9）在菜单栏单击"编辑"|"拷贝"命令（如图3-1-29），或者按Ctrl+C，复制所选区域。

（10）在菜单栏单击"编辑"|"粘贴"命令（如图3-1-30），或者按Ctrl+V，默认新建图层以粘贴所选区域。

图3-1-28　选择首饰

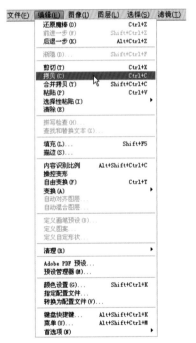

图3-1-29　单击"拷贝"命令

图3-1-30　单击"粘贴"命令

图3-1-31　"亮度/对比度"对话框

（11）在菜单栏单击"图像"|"调整"|"亮度/对比度"命令，提高首饰亮度和对比度（如图3-1-31），以强调首饰。

（12）返回人物图层，在菜单栏单击"图像"|"调整"|"色相/饱和度"命令，降低该图层的色彩饱和度和明度，以弱化人物（如图3-1-32）。

图3-1-32　"色相/饱和度"对话框

图3-1-34 原始素材文件

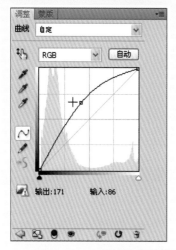

图3-1-35 调整图像曲线

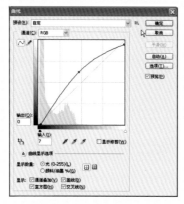

图3-1-37 调整"曲线"

（13）按照之前的步骤，对人物头部的首饰进行强调，完成人物的服装修整和对饰品的强调（如图3-1-33）。

三、人像的凸显与美化

在进行摄影时，受条件所限，不能布置完美的环境光线，拍出来的照片往往出现局部过亮或者过暗的情况。本例主要讲述如何使用Photoshop的"钢笔工具"、"图像"|"调整"命令及"滤镜"|"模糊"|"镜头模糊"命令等来凸显美化人物。

（1）打开如图3-1-34所示的数字图像原始素材文件。

（2）单击面板区的图层面板下部的"创建新的填充或调整图层"按钮 ，在弹出的菜单中选择"曲线"命令，在"曲线"对话框中向上拉动曲线中部，适当提亮图像（如图3-1-35）。

（3）在工具栏选择"钢笔工具"，对人物进行勾选，按住Ctrl+Enter键，将路径转换为选区（如图3-1-36）。对选区进行羽化，羽化半径为5个像素。按住Ctrl+C键，再按住Ctrl+V键，对选区进行复制粘贴。

（4）选择复制出来的人物图层，在菜单栏单击"图像"|"调整"|"曲线"命令，弹出"曲线"对话框，适当调整曲线（如图3-1-37），对人物进行提亮，注意不可提亮过度，与背景不符（如图3-1-38）。

图3-1-33 完成图

图3-1-36 选择人物

图3-1-38 提亮人物

（5）在面板区选择"通道"，在通道面板下部单击"新建图层"按钮 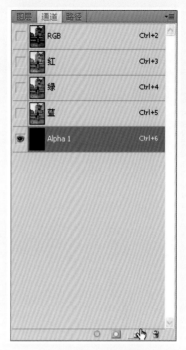，新建通道"Alpha1"（如图3-1-39）。

（6）在工具栏选择"油漆桶工具"（如图3-1-40），前景色设置为白色，在图像区单击，将Alpha1通道填充为白色。

（7）在工具栏选择"画笔工具"，将前景色设置为黑色，在工具选项栏设置画笔"硬度"为"0%"。在人物区域进行涂抹（如图3-1-41），Alpha通道中白色代表选区，黑色代表非选区。对于之后执行的"镜头模糊"命令而言，黑色的区域是不需要产生镜头模糊的位置，而白色区域则是希望产生镜头模糊的位置。由于希望模糊人物以外的区域，因此在人物所在的区域进行涂抹，使该位置为黑色。

图3-1-39　新建通道

图3-1-40　选择"油漆桶工具"

图3-1-41　涂抹人物区域

（8）在菜单栏单击"滤镜"|"模糊"|"镜头模糊"命令（如图3-1-42）。

（9）弹出"镜头模糊"对话框，在"源"的下拉菜单中，设置"源"为"Alpha1"，根据图像情况，调整"模糊焦距"及"半径"（如图3-1-43）。

（10）对背景进行虚化，完成人像的凸显与美化（如图3-1-44）。

图3-1-42　单击"镜头模糊"命令

图3-1-43 "镜头模糊"对话框

图3-1-44 完成图

第二节 人体形体修饰

一、丰胸处理

在进行人像拍摄时，对于模特身材不尽如人意的地方可以使用Photoshop进行调整修饰。本例主要讲述如何使用Photoshop的"滤镜" | "液化"命令中的"向前变形工具"及"膨胀工具"对人物进行丰胸处理。

（1）打开如图3-2-1所示的数字图像原始素材文件。

图3-2-1 原始素材文件

（2）在菜单栏单击"滤镜"|"液化"命令（如图3-2-2），弹出"液化"对话框。

（3）在"液化"页面左侧工具栏单击以选择"向前变形工具" ，根据需要调整位置的大小，在"液化"页面右侧"工具选项"区域调整工具的画笔大小等属性（如图3-2-3）。

（4）放大图像，使用"向前变形工具"，单击需要改变的区域，向前拖曳，扩大人物胸部轮廓（如图3-2-4）。

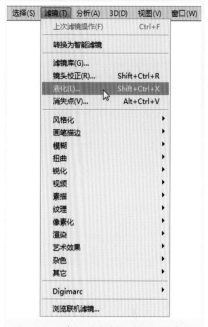

图3-2-2 单击"滤镜"|"液化"命令

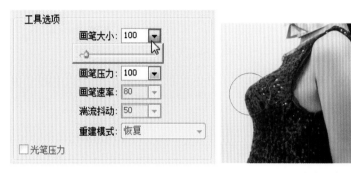

图3-2-3 调整工具参数　　　　图3-2-4 扩大胸部轮廓

（5）在"液化"页面左侧工具栏单击以选择"膨胀工具" ，根据需要调整位置的大小，在"液化"页面右侧"工具选项"区域调整工具的画笔大小等属性，在胸部区域进行点击（如图3-2-5）。

（6）再次使用"向前变形工具"，向内拖曳，调整人物手臂赘肉（如图3-2-6）。

（7）根据图像需要，使用菜单栏，适当调整图像的亮度、对比度、色彩饱和度及明度，完成人物丰胸处理（如图3-2-7）。

图3-2-5 膨胀人物胸部

图3-2-7 完成图

图3-2-6 调整人物手臂赘肉

图3-2-8　原始素材文件

二、瘦腰处理

本例主要讲述如何使用Photoshop的"滤镜"｜"液化"命令中的"向前变形工具""冻结蒙版工具""修补工具""修复画笔工具"及"减淡工具"对人物进行瘦腰处理。

（1）打开如图3-2-8所示的数字图像原始素材文件。

（2）在菜单栏单击"滤镜"｜"液化"命令，弹出"液化"对话框。在对话框左侧工具栏选择"冻结蒙版工具" ，根据需要调整位置的大小，在"液化"页面右侧"工具选项"区域调整工具的画笔大小等属性，利用"冻结蒙版工具"在人物不需要被调整的区域进行涂抹，以保证其完整性（如图3-2-9）。

（3）在页面左侧工具栏单击以选择"向前变形工具" ，根据需要调整位置的大小，在"液化"页面右侧"工具选项"区域调整工具的画笔大小等属性。放大图像，使用"向前变形工具"，根据箭头方向对人体进行修饰（如图3-2-10）。

（4）单击"确定"按钮，完成图像的外轮廓的调整（如图3-2-11）。

图3-2-9　使用"冻结蒙版工具"进行涂抹

图3-2-10　修饰人体

图3-2-11　完成外轮廓修饰

图3-2-12　选择"修补工具"

（5）在工具栏选择"修补工具"（如图3-2-12）。

（6）勾选人物腰部的肌肉褶皱区域，拖动至光滑的皮肤区域，修除褶皱（如图3-2-13）。

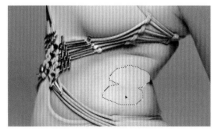

图3-2-13　修除肌肉褶皱

（7）在工具栏选择"修复画笔工具"（如图3-2-14），对人物腰部细节进行进一步处理（如图3-2-15），完成细节修饰。

（8）在工具栏选择"加深工具"（如图3-2-16），在人物腰部肌肉较亮区域进行涂抹，消除明暗反差（图3-2-17）。

（9）根据图像需要，选择"加深工具"或者"减淡工具"对腰部肌肉细节进行调整，完成人物瘦腰处理（如图3-2-18）。

图3-2-14　选择"修复画笔工具"

图3-2-15　修饰细节

图3-2-16　选择"加深工具"

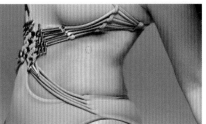

图3-2-17　消除明暗反差

图3-2-18　完成图

三、四肢处理

本例主要讲述如何使用Photoshop的"矩形选框工具"、"编辑"|"自由变换"命令、"滤镜"|"液化"命令中的"向前变形工具"、"冻结蒙版工具"、"膨胀工具"等对人物四肢进行美化处理。

（1）打开如图3-2-19所示的数字图像原始素材文件。

（2）在菜单栏单击"滤镜"|"液化"命令，弹出"液化"对话框。使用"向前变形工具" ，调整人物的颈部及手臂部分轮廓（如图3-2-20）。

（3）在"液化"对话框左侧工具栏选择放大工具，放大图像。选择"冻结蒙版工具" ，在手臂两侧进行涂抹（如图3-2-21）。

（4）在"液化"对话框左侧工具栏选择"膨胀工具" ，在人物的手臂与身体之间的间隙区域单击，放大空白处（图3-2-22），

图3-2-19　原始素材文件

图3-2-20 调整颈部及手臂轮廓

图3-2-21 使用"冻结蒙版工具"

图3-2-22 放大空白处

点击"完成"按钮，完成人物手臂的美化处理（如图3-2-23）。

（5）在工具栏选择"矩形选框工具"（如图3-2-24）。

（6）在图像上选择人物的腿部下半部分（如图3-2-25）。

（7）在菜单栏单击"编辑"|"拷贝"命令，或者按Ctrl+C，复制所选区域。在菜单栏单击"编辑"|"粘贴"命令，或者按Ctrl+V，默认新建图层，粘贴所选区域（如图3-2-26）。

图3-2-23 完成手臂美化处理

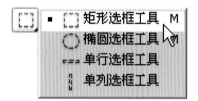

图3-2-24 选择"矩形选框工具"

图3-2-25 选择腿部

图3-2-26 复制所选区域

（8）在菜单栏单击"编辑"|"自由变换"命令（如图3-2-27），或者按Ctrl+T，自由变换所选区域。

（9）按住自由变换框的下边线，向下拖动，拉长人物腿部（如图3-2-28）。

（10）在面板区图层面板选择拉长后的腿部图层及下一图层，点击右键，合并两个图层（如图3-2-29）。

（11）在菜单栏单击"滤镜"|"液化"命令，弹出"液化"对话框。在"液化"对话框左侧工具栏选择放大工具，放大图像。选择"冻结蒙版工具"  及"向前变形工具" ，调整人物的腿部轮廓（如图3-2-30）。

（12）根据图像所需，调整细节，完成人物的四肢美化处理（如图3-2-31）。

图3-2-27　单击"自由变换"命令

图3-2-28　拉长人物腿部

图3-2-30　调整腿部轮廓

图3-2-29　合并图层

图3-2-31　完成图

图3-2-32　原始素材文件

图3-2-33　图层混合模式改为"滤色"

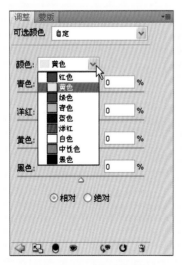

图3-2-36　选择"黄色"

四、肌肤色调修整

在拍摄数字图像时，由于模特或者采光的原因，人物的肌肤色调容易显得暗沉或泛黄。本例主要讲述如何使用Photoshop的"调整"面板中使用"可选颜色调整图层"命令、"曲线"命令及"色相/饱和度"等命令对人物肤色进行美化处理。

（1）打开如图3-2-32所示的数字图像原始素材文件。

（2）复制背景图层，在面板区将图层混合模式改为"滤色"（如图3-2-33），"不透明度"降低为"20%"左右，以提高人物明度。

（3）在面板区选择"调整"面板，单击"创建新的可选颜色调整图层"按钮（如图3-2-34）。

（4）弹出"可选颜色调整图层"面板，默认为"红色"，降低"红色"中"青色""黄色""黑色"百分比，提高"洋红"百分比（如图3-2-35）。

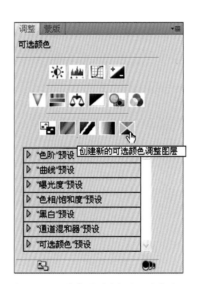

图3-2-34　单击"创建新的可选颜色
调整图层"按钮

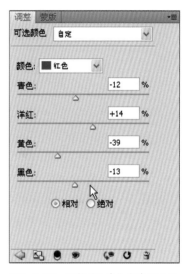

图3-2-35　调整"红色"颜色百分比

（5）在"颜色"下拉菜单选择"黄色"（如图3-2-36），适当降低"黄色"百分比，并根据图像需要，适当调整其他颜色的百分比，增加肌肤红润感。

（6）单击面板区左下角"返回到调整列表"按钮，返回"调整"面板（如图3-2-27）。

（7）单击"曲线"按钮，创建"曲线"调整图层（如图3-2-28）。

（8）调整曲线，将曲线上端略微向上提拉，曲线下端略微向下拖曳，增加对比度（如图3-2-39）。

图3-2-37 返回到"调整"面板

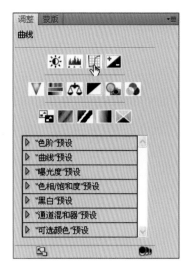

图3-2-38 单击"曲线"按钮

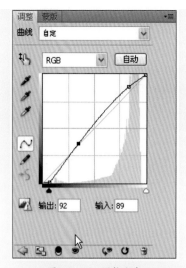

图3-2-39 调整曲线

（9）单击面板区左下角"返回到调整列表"按钮，返回"调整"面板，单击"色相/饱和度"按钮，创建"色相/饱和度"调整图层（如图3-2-40）。

（10）在"色相/饱和度"调整面板中单击"在图像中单击并拖动可修改饱和度"按钮（如图3-2-41）。

（11）将鼠标移至图像区域，此时鼠标变成吸管形状。单击面部红色过于浓郁的区域（如图3-2-42）。

（12）在面板区调整所选取颜色的"色相""饱和度"及"明度"（如图3-2-43）。

（13）修饰细节，完成人物肤色色调的修饰与美化（如图3-2-44）。

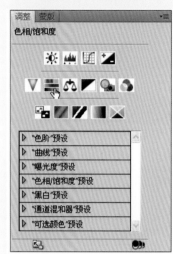

图3-2-40 单击"色相/饱和度"按钮

图3-2-41 单击"在图像中单击并拖动可修改饱和度"按钮

图3-2-42 吸取颜色

图3-2-44 完成图

图3-2-43 调整所选取颜色

第四章

数字图像光影处理

学习情境：专业电脑教室。

学习方式：由教师讲解数字图像光影处理的基本方法，并指导学生对不同的具有光影问题的数字图像进行修正练习。

学习目的：使学生掌握数字图像光影处理的方法，熟练使用所讲解过的软件工具，并能举一反三，灵活运用于以后的学习工作中。

学习要求：掌握数字图像曝光问题处理方法；掌握数字图像失焦处理方法；掌握数字图像色调修饰及美化方法。

学习准备：Photoshop软件。

在进行数字图像的拍摄时，影响数字图像光影的原因有很多，特别是在自然光的条件下取光，很难有完美的数字图像光影条件，这需要在数字图像后期处理中对其进行修饰。修正曝光不足或者曝光过度的数字图像、修饰与美化逆光图像等都是数字图像后期处理常遇到的问题。此外，还应掌握对数字图像失焦的处理方法，例如使失焦人像变清晰、制作数码聚焦效果、制作深景深的拍摄效果、制作运动聚焦效果等。数字图像色调修饰及美化可以使数字图像呈现更完美的视觉效果。

第一节　数字图像曝光问题处理

造成数字图像曝光问题的原因有很多，例如闪光灯的激发问题、拍摄环境的光源补给等。在数字图像的拍摄过程中，除了利用数码相机自身的功能解决曝光问题外，还可以通过Photoshop校正数字图像的曝光问题。

一、 修正曝光不足的数字图像

在拍摄过程中，由于环境光源及取景的原因，常常出现照片曝光不足、整体颜色过暗等现象。本例主要讲述如何使用Photoshop中的"直方图"对照片光照进行观察，通过"调整"面板中使用"创建新的曝光度调整图层"命令及"曲线"命令对曝光不足的数字图像进行修整美化处理。

（1）打开如图4-1-1所示的数字图像原始素材文件。

（2）在菜单栏单击"窗口"|"直方图"命令（如图4-1-2）。

（3）弹出"直方图"窗口，可以看到"直方图"窗口的最左侧（暗调）和最右侧（亮调）的像素缺失（如图4-1-3）。而正常曝光的照片，像素应该连续分布且会延伸到最左侧（暗调）和最右侧（亮调）的部分。

（4）在面板区调整面板单击"创建新的曝光度调整图层"按钮（如图4-1-4）。

（5）弹出"曝光度调整图层"面板，根据图像需要，向右滑动"曝光度"滑块（如图4-1-5），提高数字图像的曝光度（如图4-1-6）。

（6）在面板左下角单击"返回到调整列表"按钮（如图4-1-7）。

图4-1-1　原始素材文件

图4-1-2　单击"窗口"|"直方图"命令

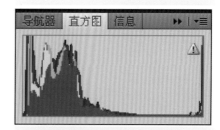

图4-1-3　"直方图"窗口

图4-1-4　单击"创建新的曝光度调整图层"按钮

图4-1-5　提高数字图像的曝光度

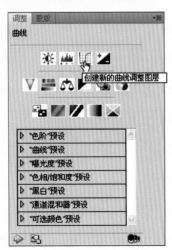

图4-1-8　单击"创建新的曲线调整图层"按钮

（7）在面板区调整面板单击"创建新的曲线调整图层"按钮（如图4-1-8）。

（8）弹出"曲线调整面板"，在"曲线"下拉菜单选择"较亮"（如图4-1-9），进一步增加曝光，提亮图像。

（9）在面板左下角单击"返回到调整列表"按钮，在面板区调整面板单击"创建新的曲线调整图层"按钮，再增加一个曲线调整图层，在"曲线"下拉菜单选择"较亮"，向右拖动曲线下部，加深图像的深色部分，凸显深色部分细节（如图4-1-10）。

图4-1-6　调整曝光度后的图像

图4-1-7　单击"返回到调整列表"按钮

图4-1-9　选择"较亮"命令

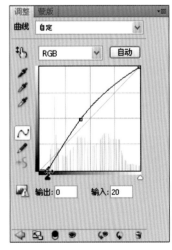

图4-1-10　调整曲线

（10）此时可以看到"直方图"窗口像素连续分布且会延伸到最左侧（暗调）和最右侧（亮调）的部分（如图4-1-11）。

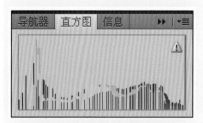

图4-1-11 "直方图"窗口

（11）根据图像进行细节修饰，完成对曝光不足的数字图像进行修整美化处理（如图4-1-12）。

图4-1-12 完成图

二、修正曝光过度的数字图像

本例主要讲述如何使用Photoshop中"调整"面板中使用"创建新的色阶调整图层"命令及"蒙版"选项卡对曝光过度的数字图像进行修整美化处理。

（1）打开如图4-1-13所示数字图像原始素材文件。

（2）在面板区调整面板单击"创建新的色阶调整图层"按钮（如图4-1-14）。

图4-1-14 单击"创建新的色阶调整图层"按钮

图4-1-13 原始素材文件

（3）弹出"色阶"调整面板，观察面板区直方图可以看到，像素主要集中在中间调和亮调区域，暗调缺乏。向右拖动黑色滑块，调整画面中的暗调，修正曝光过度而导致画面过白的效果（如图4-1-15）。

（4）调整暗调以后，画面中间区域仍显得略白，将灰色滑块向右拖曳（图4-1-16），增加中间调，使画面的色阶层次更加丰富（如图4-1-17）。

（5）在面板区单击"蒙版"选项卡，弹出"蒙版"面板（如图4-1-18）。

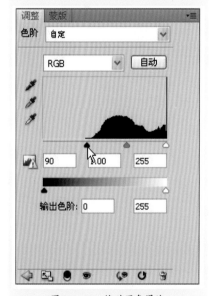

图4-1-15 拖动黑色滑块

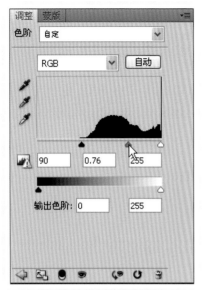

图4-1-16　拖动灰色滑块

图4-1-18　"蒙版"面板

图4-1-21　单击"反相"按钮

（6）在"蒙版"面板单击"颜色范围"按钮，弹出"色彩范围"对话框（如图4-1-19），此时鼠标默认为吸管图标，使用吸管工具在缩略图中的头发区域单击取样，或者直接在图像区图像画面中头发区域单击取样（如图4-1-20），设置白色区域为头发区域。

图4-1-17　调整色阶效果

图4-1-19　"色彩范围"对话框

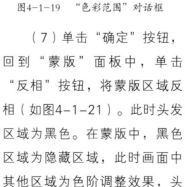

图4-1-20　单击取样

（7）单击"确定"按钮，回到"蒙版"面板中，单击"反相"按钮，将蒙版区域反相（如图4-1-21）。此时头发区域为黑色。在蒙版中，黑色区域为隐藏区域，此时画面中其他区域为色阶调整效果，头发区域隐藏调整效果。

（8）拖动"蒙版"中的"浓度"滑块，减淡蒙版中的浓度百分表。调整"羽化"滑块，柔化蒙版（如图4-1-22）。

图4-1-22　调整蒙版

（9）调整细节，完成曝光过度图像的修整（如图4-1-23）。

图4-1-23　完成图

三、逆光图像的修饰与美化

本例主要讲述如何使用Photoshop菜单栏中"图像"|"调整"|"阴影/高光"命令、"滤镜"|"杂色"命令及对图层增加蒙版来对逆光的数字图像进行修整美化处理。

（1）打开如图4-1-24所示数字图原始像素材文件。

图4-1-24　原始素材文件

（2）复制图层，在菜单栏单击"图像"|"调整"|"阴影/高光"命令（如图4-1-25）。

（3）弹出"阴影/高光"对话框，滑动滑块，调整"阴影"数量，此处为"40%"左右（如图4-1-26）。

（4）在"阴影/高光"对话框，滑动滑块，调整"高光"数量，此处为"10%"左右（如图4-1-27），以整体提亮图像（如图4-1-28）。

（5）再一次复制图层，观察人物面部杂点。在菜单栏单击"滤镜"|"杂色"|"减少杂色"命令（如图4-1-29）。

图4-1-26 调整"阴影"数量

图4-1-27 调整"高光"数量

4-1-29 单击"减少杂色"命令

图4-1-25 单击"阴影/高光"命令

图4-1-28 调整"阴影/高光"后效果图

（6）弹出"减少杂色"对话框，设置值保持默认，单击"确认"（如图4-1-30），以减少画面杂色。此时人物提亮，但是背景的细节减少了。因此进行接下来的步骤，只保留人物部分的调整效果，同时恢复原始照片中的背景细节。

（7）在图层面板区单击"添加矢量蒙版"按钮 ，为该图层添加蒙版（如图4-1-31）。

（8）在工具栏选择"油漆桶"工具，将其前景色设置为黑色，在图像区单击，将该蒙版设置为黑色。在工具栏选择"画笔"工具，在工具选项栏将其硬度设置为0%，将其前景色设置为白色，在图像区人物区域进行绘制。此时画面中调整后的背景区域被隐藏，只显示人物区域（如图4-1-32）。

图4-1-30 "减少杂色"对话框

（9）选择上一个图层，即调整"阴影/高光"图层。将图层"不透明度"降低，此处为"30%"左右，使调整后的背景与人物更加融洽（如图4-1-33）。

（10）调整图像细节，完成逆光的数字图像进行修整美化处理（如图4-1-34）。

图4-1-31 单击"添加矢量蒙版"按钮

图4-1-32 绘制后蒙版效果

图4-1-33 降低图层不透明度

图4-1-34 完成图

图4-2-1　原始素材文件

图4-2-2　单击"USM锐化"命令

图4-2-5　调整"阈值"滑块

第二节　数字图像失焦处理方法

一、使失焦人像变清晰

在进行数字人像摄影时，由于模特的移动或者相机的抖动等因素，容易造成数字图像的失焦。本例主要讲述如何使用Photoshop菜单栏中"滤镜"|"锐化"命令及失焦的数字图像进行修整美化处理。

（1）打开如图4-2-1所示数字图像原始素材文件。

（2）在菜单栏单击"滤镜"|"锐化"|"USM锐化"命令（如图4-2-2）。

（3）弹出"USM锐化"对话框，滑动"数量"滑块，增加像素对比度的数量，此处为"200%"左右（如图4-2-3）。

（4）调整"半径"滑块，确定边缘像素周围影响锐化的像素数目。数值越大，锐化时候采样的比较范围越广，此处为"2像素"左右（如图4-2-4）。

图4-2-3　调整"数量"滑块

图4-2-4　调整"半径"滑块

（5）调整"阈值"滑块，确定锐化的像素必须与周围区域相差多少，才被滤镜看作边缘像素并被锐化，此处为"17色阶"左右（如图4-2-5）。

（6）根据图像修饰细节，完成失焦的数字图像进行修整美化处理（如图4-2-6）。

图4-2-6　完成图

二、制作数码聚焦效果

本例主要讲述如何使用Photoshop工具栏中的"套索工具"及菜单栏中"滤镜"|"模糊"|"径向模糊"命令来制作数字图像的数码聚焦效果。

（1）打开如图4-2-7所示的数字图像原始素材文件。

（2）复制背景图层，在工具栏选择"套索工具"（如图4-2-8）。

（3）使用"套索工具"，勾选人物的头部及肩部区域（如图4-2-9）。

（4）在菜单栏单击"选择"|"修改"|"羽化"命令，弹出"羽化选区"对话框，设置"羽化半径"，此处为"20像素"（如图4-2-10）。

（5）在菜单栏单击"选择"|"反相"命令（如图4-2-11），反相选区，此时数字图像除人物脸部和肩部区域外全被选取（如图4-2-12）。

（6）在菜单栏单击"滤镜"|"模糊"|"径向模糊"命令（如图4-2-13）。

（7）弹出"径向模糊"对话框，滑动滑块，调整"数量"，此处为"40"左右。模糊方式选择"缩放"（图4-2-14）。

图4-2-7　原始素材文件

图4-2-9　勾选区域

图4-2-12　反相选区

图4-2-13　单击"径向模糊"命令

图4-2-8　选择"套索工具"

图4-2-10　"羽化选区"对话框

图4-2-11　单击"选择"|"反相"命令

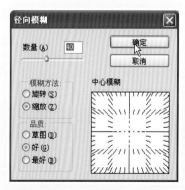

图4-2-14　"径向模糊"对话框

图4-2-15 完成图

图4-2-16 原始素材文件

图4-2-19 单击"添加矢量蒙版"按钮

图4-2-21 涂抹后蒙版效果

（8）根据图像调整细节，完成数字图像的数码聚焦效果的制作（图4-2-15）。

三、制作深景深的拍摄效果

在拍摄数字图像时，经常出现背景和人物距离太近，即景深较浅的情况，为了突出人物，虚化背景，在后期处理时可以加深数字图像的景深。本例主要讲述如何使用Photoshop菜单栏中"滤镜"｜"模糊"｜"方框模糊"命令及蒙版来制作深景深的拍摄效果。

（1）打开如图4-2-16所示的数字图像原始素材文件。

（2）复制背景图层，在菜单栏单击"滤镜"｜"模糊"｜"方框模糊"命令（如图4-2-17）。

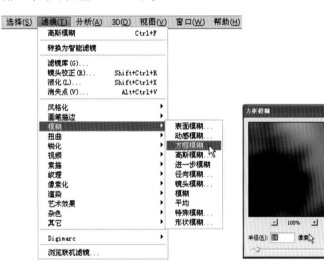

图4-2-17 单击"方框模糊"命令　　　图4-2-18 "方框模糊"对话框

（3）弹出"方框模糊"对话框，设置模糊"半径"，此处为"14像素"左右（如图4-2-18），方框模糊是基于图像中相邻像素的平均颜色来模糊图像的。半径值越大，模糊的效果越强烈。

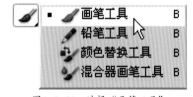

图4-2-20 选择"画笔工具"

（4）在图层面板区单击"添加矢量蒙版"按钮 ，为该图层添加蒙版（如图4-2-19）。

（5）在工具栏选择"画笔工具"（如图4-2-20），前景色设置为"黑色"，"画笔硬度"设置为"0%"。

（6）在图像工作区对人像进行涂抹，隐藏任务区域的方框模糊效果，涂抹后蒙版上显示出黑色的人像效果（如图4-2-21）。

（7）调整图像细节，完成深景深的拍摄效果的制作（如图4-2-22）。

四、制作运动聚焦效果

在拍摄数字图像时，为了表现人物的运动效果，可以适当增加背景的动感。本例主要讲述如何使用Photoshop工具栏中的"磁性套索工具"和菜单栏中"滤镜"|"模糊"|"动感模糊"命令为照片制作运动聚焦的效果。

（1）打开如图4-2-23所示的数字图像原始素材文件。

（2）复制背景图层，在工具栏选择"磁性套索工具"（如图4-2-24）。

（3）使用"磁性套索工具"勾选需要聚焦的人物，形成选区（如图4-2-25）。

（4）在菜单栏单击"选择"|"修改"|"羽化"命令（如图4-2-26）。

（5）弹出"羽化"对话框，设置羽化"半径"，此处为"3像素"左右（如图4-2-27）。

图4-2-22　完成图

图4-2-23　原始素材文件

图4-2-24　选择"磁性套索工具"

图4-2-25　勾选人物

图4-2-26　单击"羽化"命令

图4-2-27　"羽化"对话框

图4-2-28 单击"选择"|"反向"命令

（6）在菜单栏单击"选择"|"反向"命令（如图4-2-28），选择除人物以外的区域。

（7）在菜单栏单击"滤镜"|"模糊"|"动感模糊"命令（如图4-2-29）。

（8）弹出"动感模糊"对话框，在"角度"栏输入数值，或者拖动角度圆盘，调整动感模糊的角度，此处为"27度"左右（如图4-2-30）。

（9）滑动"距离"滑块或者输入数值，调整动感模糊的数值，数值越大，模糊度越高，此处为"96像素"左右（如图4-2-31）。

（10）单击确认按钮，调整细节，完成数字图像的运动聚焦效果制作（图4-2-32）。

图4-2-29 单击"动感模糊"命令

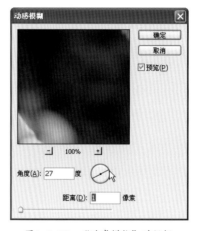

图4-2-30 "动感模糊"对话框

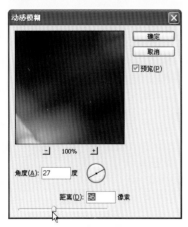

图4-2-31 调整模糊数值

图4-2-32 完成图

第三节　数字图像色调修饰及美化

在拍摄数字图像时，有时候数字图像会出现偏色或者色彩饱和度不够等情况，或者为了使其更具艺术效果，通常要调整照片的颜色。在本节中，主要介绍使用Photoshop对数字图像的色调进行修饰与美化。

一、偏色数字图像的校正

本例主要讲述如何使用Photoshop面板区域的"创建新的填充或调整图层"中"创建新的色彩平衡调整图层"命令和"创建新的曲线调整图层"命令来校正偏色数字图像。

（1）打开如图4-3-1所示的数字图像原始素材文件。

（2）复制图层，在面板区图层面板下方单击"创建新的填充或调整图层"按钮 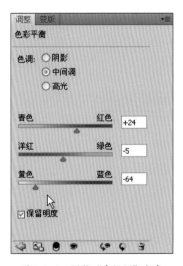，选择"创建新的色彩平衡调整图层"命令（如图4-3-2）。

（3）弹出"色彩平衡"面板，在"色调"选择"中间调"，分别向"红色""洋红""黄色"端滑动滑块，调整色彩平衡（如图4-3-3）。

（4）在"色调"中选择"阴影"，根据图像需求，滑动滑块以调整色彩平衡（如图4-3-4）。

图4-3-1　原始素材文件

图4-3-2　选择"创建新的色彩
平衡调整图层"命令

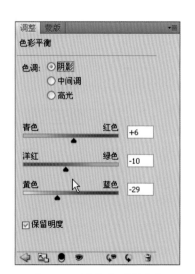

图4-3-3　调整"中间调"颜色　　　　图4-3-4　调整"阴影"颜色

图4-3-6　选择"创建新的曲线调整图层"命令

图4-3-9　原始素材文件

（5）在"色调"中选择"高光"，根据图像需求，滑动滑块以调整色彩平衡（如图4-3-5）。

（6）在面板区图层面板下方单击"创建新的填充或调整图层"按钮，选择"创建新的曲线调整图层"命令（如图4-3-6）。

（7）弹出"曲线"面板，根据图像需求调整曲线，适当降低中间调和高光区域的亮度（如图4-3-7）。

（8）调整细节，完成偏色数字图像的校正（如图4-3-8）。

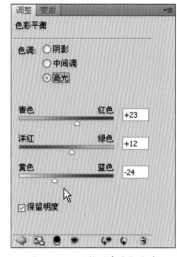

图4-3-5　调整"高光"颜色

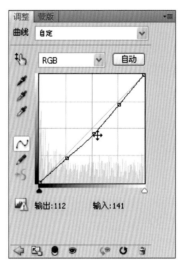

图4-3-7　调整曲线

图4-3-8　完成图

二、黑白色调图像的制作

本例主要讲述如何使用Photoshop面板区域的"创建新的填充或调整图层"中"创建新的黑白调整图层"命令和"创建新的曲线调整图层"命令来制作黑白色调的数字图像。

（1）打开如图4-3-9所示的数字图像原始素材文件。

（2）复制图层，在面板区图层面板下方单击"创建新的填充或调整图层"按钮，选择"创建新的黑白调整图层"命令（如图4-3-10）。

（3）弹出"黑白"调整面板，单击"自动"按钮（如图4-3-

11），数字图像转为黑白色调，并自动校正数字图像的黑白数值
（如图4-3-12）。

（4）在面板区图层面板下方单击"创建新的填充或调整图层"
按钮 ⊘ ，选择"创建新的曲线调整图层"命令（如图4-3-13）。

（5）弹出"曲线"调整面板，根据图像需求调整曲线，适当提
高中间调的亮度，降低高光区域及暗部区域的亮度，提高图像的对比
度（如图4-3-14）。

（6）根据图像需要调整细节，完成黑白色调的数字图像的制作
（如图4-3-15）。

图4-3-10　选择"创建新的黑白调整
　　　　　图层"命令

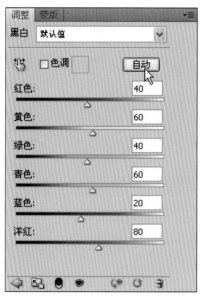

图4-3-11　单击"自动按钮"

图4-3-12　应用"黑白"后效果

图4-3-13　选择"创建新的曲线调整
　　　　　图层"命令

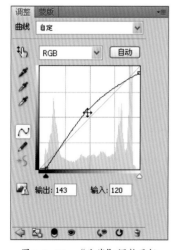

图4-3-14　"曲线"调整面板

图4-3-15　完成图

图4-3-16　原始素材文件

图4-3-17　选择"创建新的曲线调整图层"命令

三、局部色调改变的图像制作

本例主要讲述如何使用Photoshop面板区域的"创建新的填充或调整图层"中"创建新的曲线调整图层"命令和添加蒙版来制作局部色调改变的数字图像。

（1）打开如图4-3-16所示数字图像原始素材文件。

（2）复制图层，在面板区图层面板下方单击"创建新的填充或调整图层"按钮 ，选择"创建新的曲线调整图层"命令（如图4-3-17）。

（3）弹出"曲线"调整面板，在颜色下拉菜单中选择"红"，拖动红色曲线，提高红色在数字图像中的量（如图4-3-18）。

（4）在"曲线"调整面板的颜色下拉菜单中选择"绿"，拖动绿色曲线，降低绿色在数字图像中的量（如图4-3-19）。

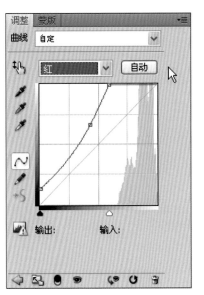

图4-3-18　调整红色曲线

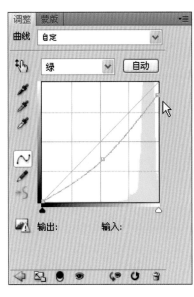

图4-3-19　调整绿色曲线

（5）在"曲线"调整面板的颜色下拉菜单中选择"蓝"，拖动蓝色曲线，降低蓝色在数字图像中的量（如图4-3-20），完成图像色调的调整（如图4-3-21）。

（6）在面板区图层面板下部单击"添加矢量蒙版"按钮 ，为该图层添加蒙版（如图4-2-22）。

（7）在工具栏选择"画笔工具"（如图4-3-23），设置"前景色"为"黑色"，"硬度"设置为"0%"。

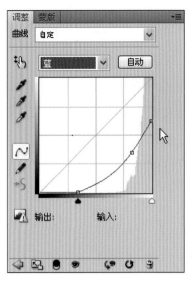

图4-3-20　调整蓝色曲线

图4-3-21　调整曲线后图像效果

图4-3-22　单击"添加矢量蒙版"按钮

（8）在图像工作区对天空以外的区域进行涂抹，隐藏调整曲线后的效果（如图4-3-24），使调整颜色只出现在天空区域。

（9）调整图像细节，完成局部色调改变的数字图像制作（如图4-3-25）。

图4-3-23　选择"画笔工具"

图4-3-24　绘制蒙版

图4-3-25　完成图

图4-3-26 原始素材文件（1）

四、套用其他图像色调的制作

在拍摄数字图像时，有时可能对所拍摄数字图像的色调不满意，因此想借鉴其他图像的色调。本例主要讲述如何使用Photoshop菜单栏的"图像"|"调整"|"匹配颜色"命令来套用其他图像色调。

（1）打开如图4-3-26、图4-3-27所示的数字图像原始素材文件。

（2）在图4-3-26面板区图层面板复制背景图层。在菜单栏单击"图像"|"调整"|"匹配颜色"命令（如图4-3-28）。

图4-3-27 原始素材文件（2）

图4-3-28 单击"匹配颜色"命令

（3）弹出"匹配颜色"对话框，单击"源"下拉菜单，选择如图4-3-27所示的数字图像原始素材文件（如图4-3-29），完成图像颜色源的匹配（如图4-3-30）。

（4）根据图像需要，在"匹配颜色"对话框"图像选项"|"明亮度"中输入数值或滑动滑块，此处数值为"110"左右（如图4-3-31）。

（5）根据图像需要，在"匹配颜色"对话框"图像选项"|"颜色强度"中输入数值或滑动滑块，此处数值为"110"左右（如图4-3-32）。

图4-3-29　选择匹配源

图4-3-30　设置"源"后图像效果

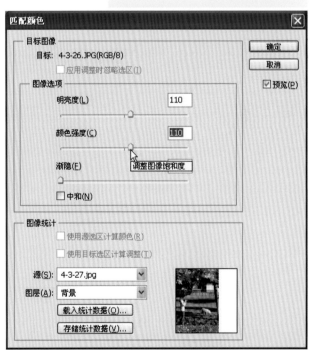

图4-3-31　"明亮度"调整

图4-3-32　"颜色强度"调整

（6）根据图像需要，在"匹配颜色"对话框"图像选项"|"渐隐"中输入数值或滑动滑块，此处数值为"58"左右（如图4-3-33）。

（7）单击"确定"按钮，调整细节，完成套用其他图像色调的制作（如图4-3-34）。

图4-3-33　"渐隐"调整

图4-3-34　完成图

第五章

数码特效制作

学习情境：专业电脑教室。

学习方式：由教师讲解数码特效制作的基本方法，
并指导学生进行特效数字图像的制作。

学习目的：使学生掌握数字图像光影处理的方法，
熟练使用所学习过的软件工具，并能举
一反三，灵活运用于以后的学习工作中。

学习要求：掌握数字图像合成的方法；掌握数字图
像特效处理的方法；掌握数字图像的商
业运用的基本方法。

学习准备：Photoshop软件。

在数字图像拍摄和后期基本处理完成后，还可以根据商业需要或者设计师的创作意愿，对数字图像进行特效制作。对数字图像进行合成，是数码特效制作的基本用法。可以通过Photoshop软件对图像进行移花接木，制作特效合成图像。对数字图像还可以进行特效处理以形成特殊的艺术效果，如硬笔速写效果、布纹油画效果、彩色铅笔效果等。将处理后的数字图像添加字体、Logo或水印可以更好地实现数字图像的商业价值。

图5-1-1　原始素材文件（1）

第一节　数字图像合成方法

Photoshop不仅可以完成照片的曝光校正、色调调整等修片工作，还可以实现各种神奇的合成效果。

图5-1-2　原始素材文件（2）

一、　移花接木的方法

本例主要讲述如何使用Photoshop工具栏的"钢笔工具""模糊工具"及"画笔工具"来对图像与背景进行移花接木。

（1）打开如图5-1-1、图5-1-2所示的数字图像原始素材文件。

（2）在工具栏选择"钢笔工具"（如图5-1-3），勾选人物，按住Ctrl+Enter键，将路径转化为选区（如图5-1-4）。

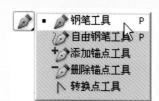

图5-1-3　选择"钢笔工具"

（3）在菜单栏单击"编辑"|"拷贝"命令（如图5-1-5），或者按Ctrl+C键，对选区进行复制。

（4）选择5-1-2图像，在菜单栏单击"编辑"|"粘贴"命令（如图5-1-6），或者按Ctrl+V键，对选区进行粘贴（如图5-1-7）。

（5）此时人物太大，与背景衔接太僵硬。在菜单栏单击"编辑"|"自由变换"命令（如图5-1-8），或者按Ctrl+T键，调整人物大小（如图5-1-9）。

图5-1-5　单击"拷贝"命令

图5-1-4　勾选人物

（6）在工具栏选择"橡皮擦工具"（图5-1-10），修除人物周边没修除的细节。选择"模糊工具"（图5-1-11），对过于生硬的人物外轮廓线进行模糊，使其与背景衔接更融洽。

（7）在人物图层之下新建一个图层（如图5-1-12），在工具栏选择"画笔工具"，硬度设置为"0%"，前景色设置为"深蓝色"。

（8）在图层上人物下半身区域根据坐姿绘制阴影（如图5-1-13），调整图层"不透明度"为"60%"左右。

（9）调整细节，完成对图像与背景的移花接木（如图5-1-14）。

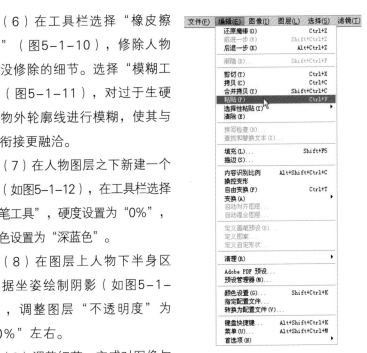

图5-1-6　单击"粘贴"命令

图5-1-7　粘贴后效果

图5-1-8　单击"自由变换"命令

图5-1-9　调整人物大小后效果

图5-1-10　选择"橡皮擦工具"

图5-1-11　选择"模糊工具"

图5-1-12　新建图层

图5-1-13　绘制阴影

图5-1-14　完成图

图5-1-17 设置图层混合模式

图5-1-20 复制水珠

二、制作特效合成图像

本例主要讲述如何使用Photoshop菜单栏的"编辑"|"变换"|"变形"命令、图层的混合模式、"橡皮擦工具"等来对数字图像进行特效合成处理。

（1）打开如图5-1-15、图5-1-16所示的数字图像原始素材文件。

图5-1-15 原始素材文件（1）

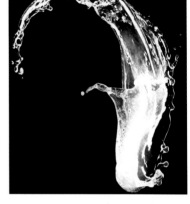

图5-1-16 原始素材文件（2）

（2）复制图5-1-16，粘贴至图5-1-15中。在面板区图层面板修改其图层混合模式为"变亮"，此时隐去了背景，只剩下水珠部分（如图5-1-17）。

（3）在菜单栏单击"编辑"|"自由变换"命令，或者按Ctrl+T键，自由变换水珠部分，使其缠绕在人物腰部（如图5-1-18）。

（4）在工具栏选择"套索工具"，勾选水珠的一部分（如图5-1-19）。

（5）在菜单栏单击"编辑"|"拷贝"命令，或者按Ctrl+C键，对选区进行复制（如图5-1-20）。在菜单栏"编辑"|"粘贴"命

图5-1-18 自由变换图层

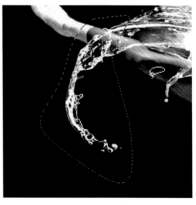

图5-1-19 勾选水珠部分

令，或者按Ctrl+V键，对选区进行粘贴。系统默认复制为一个新的图层，将图层混合模式改为"变亮"，移至腿部区域。

（6）此时水珠与腿部不贴合。在菜单栏单击"编辑"|"变换"|"变形"命令（如图5-1-21）。

（7）按住变形框的四边或者交点，对水珠形状进行调整，使其符合腿部形态（如图5-1-22）。

（8）重复上述步骤，制作裙子的基本完整形态（如图5-1-23）。

图5-1-22　对水珠进行"变形"

图5-1-21　单击"变形"命令

图5-1-23　制作裙子

（9）在工具栏选择"橡皮擦工具"，擦除水珠部分区域，使水珠与身体进行缠绕（如图5-1-24），增加真实空间感。

（10）再一次复制图5-1-16，变换其形态，形成流水状，完成数字图像的特效合成（如图5-1-25）。

图5-1-24　擦除部分水珠

图5-1-25　完成图

图5-1-26 原始素材文件（1）

图5-1-30 设置图层混合模式

三、 制作特殊光影图像

本例主要讲述如何使用Photoshop菜单栏的"编辑"｜"变换"｜"变形"命令、图层的混合模式、"钢笔工具"、"橡皮擦工具"等来对数字图像进行特效合成处理。

（1）打开如图5-1-26、图5-1-27所示的数字图像原始素材文件。

（2）在工具栏选择"套索工具"，在图5-1-27上勾选单个火焰，在菜单栏单击"编辑"｜"拷贝"命令，或者按Ctrl+C键，对选区进行复制。回到图5-1-26中，在菜单栏"编辑"｜"粘贴"命令，或者按Ctrl+V键，对选区进行粘贴（如图5-1-28）。

图5-1-27 原始素材文件（2）

（3）在菜单栏单击"编辑"｜"自由变换"命令，或者按Ctrl+T键，调整火焰大小（如图5-1-29）。

（4）在面板区图层面板设置图层混合模式为"滤色"（如图5-1-30）。

图5-1-28 复制单个火焰

图5-1-29 调整火焰大小

（5）将火焰移至人物肩膀处（如图5-1-31）。

（6）按照上述步骤哦，根据人物形体，复制其他火焰（如图5-1-32）。

（7）在面板区图层面板按住Ctrl键选中所有的火焰图层，单击右键，合并图层（如图5-1-33），合并后设置图层混合模式为"滤色"。

（8）在工具栏选择"橡皮擦工具"，擦除覆盖于人物面部的火焰，同时调整火焰形态（如图5-1-34）。

（9）由于人物背景为白色，白色区域火焰的突出感不够。在火焰图层下新建图层（如图5-1-35）。

（10）在工具栏选择"画笔工具"，在工具选项栏将"画笔硬度"设置为"0%"，前景色设置为"红色"。在新建图层火焰区域进行涂抹，作为底色突出火焰（如图5-1-36）。

（11）在面板区图层面板设置图层"不透明度"为"60%"左右。在工具栏选择"橡皮擦工具"，根据火焰的形态对颜色区域进行调整，使其更贴合火焰形态（如图5-1-37）。

图5-1-31 调整火焰位置

图5-1-32 复制火焰

图5-1-33 合并图层

图5-1-34 调整火焰形态

图5-1-35 新建图层

图5-1-36 涂抹后效果

数字图像的后期处理

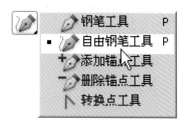

图5-1-38 选择"自由钢笔工具"

图5-1-39 绘制高光区域

图5-1-42 "描边路径"对话框

图5-1-43 选择"删除路径"

（12）在所有图层之上新建图层，在工具栏选择"自由钢笔工具"（如图5-1-38），在人物的面部及衣服褶皱部分绘制高光（如图4-1-39）。

（13）在工具栏选择"画笔工具"，工具选项栏设置画笔参数。画笔"大小"设置为"10px"左右，硬度设置为"0%"，前景色设置为"金黄色"（如图5-1-40）。

（14）在工具栏选择"自由钢笔工具"，在图像工作区单击右键，选择"描边路径"（如图5-1-41）。

图5-1-37 调整后效果

（15）弹出"描边路径"对话框，在"工具"下拉列表选择"画笔"，勾选"模拟压力"选框（如图5-1-42），单击确定。

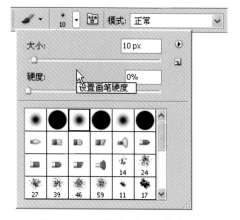

图5-1-40 设置"画笔工具"参数

图5-1-41 选择"描边路径"

（16）在图像工作区单击右键，选择"删除路径"（如图5-1-43），图像区出现高光绘制效果（如图5-1-44）。

（17）双击绘制高光的图层，弹出"图层样式"对话框，勾选"内发光"与"外发光"（如图5-1-45）。

（18）在菜单栏单击"滤镜"|"模糊"|"高斯模糊"命令，对高光进行模糊，完成高光绘制（如图5-1-46）。

（19）在背景图层之上新建图层，使用"画笔工具"，对图层进行随意的颜色绘制，其中火焰部分为暖色调，另一部分为冷色调（如图4-1-47）。

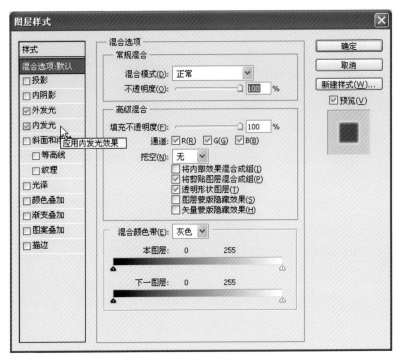

图5-1-45　"图层样式"对话框

图5-1-44　绘制高光

图5-1-46　完成高光绘制

图4-1-47　绘制色调

图4-1-48　完成图

（20）设置绘制色调图层的"图层混合模式"为"滤色"，图像区域出现多色的光影效果，调整细节，完成特殊光影图像的制作（如图4-1-48）。

图5-2-1 原始素材文件（1）

图5-2-2 原始素材文件（2）

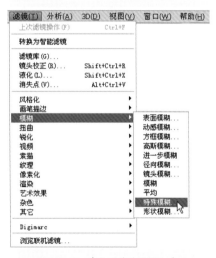

图5-2-3 单击"特殊模糊"命令

图5-2-6 模糊后效果

第二节 数字图像特效处理

一、 制作硬笔速写效果

本例主要讲述如何使用Photoshop菜单栏的"编辑"|"自由变换"命令、"滤镜"|"模糊"|"特殊模糊"命令等来制作硬笔速写效果图像。

（1）打开如图5-2-1、图5-2-2所示的数字图像原始素材文件。

（2）复制图5-2-1背景图层，在菜单栏单击"滤镜"|"模糊"|"特殊模糊"命令（如图5-2-3）。

（3）弹出"特殊模糊"对话框，设置品质为"高"，模式为"仅限边缘"（如图5-2-4）。

（4）在"特殊模糊"对话框拖动滑块设置模糊数值，此处"半径"为"80"左右，"阈值"为"20"左右（如图5-2-5），完成对图像的特殊模糊（如图5-2-6）。

（5）在键盘按住Ctrl+I键，对模糊进行反向（如图5-2-7）。

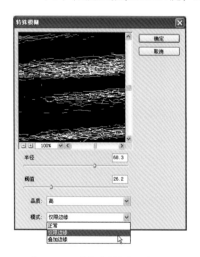

图5-2-4 "特殊模糊"对话框

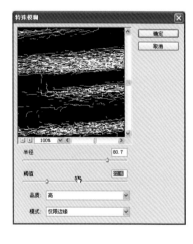

图5-2-5 设置模糊数值

图5-2-7 反向后效果

（6）复制图5-2-2图像，粘贴到图5-2-1中，在菜单栏选择"编辑"|"自由变换"命令，或者在键盘按住Ctrl+T键，把图5-2-2放大到可以覆盖住整个图像，并设置该图层混合模式为"正片叠底"（如图5-2-8）。

图5-2-9　完成图

（7）调整图像细节，完成硬笔速写效果图像的制作（如图5-2-9）。

二、制作彩色铅笔效果

本例主要讲述如何使用Photoshop菜单栏的"滤镜"|"模糊"|"高斯模糊"命令、"滤镜"|"其他"|"高反差保留"命令及调整图像"阈值"等来制作彩色铅笔效果图像。

（1）打开如图5-2-10所示数字图像原始素材文件。

（2）复制背景图层，在菜单栏选择"滤镜"|"模糊"|"高斯模糊"命令，弹出"高斯模糊"对话框，滑动滑块以调整"模糊半径"，此处为"10像素"左右（如图5-2-11）。

（3）再次复制背景图层，并在面板区图层面板向上拖动该图层，使其位于所有图层上方（如图5-2-12）。

图5-2-8　设置图层混合模式

图5-2-10　原始素材文件

图5-2-11　"高斯模糊"对话框

（4）在菜单栏单击"滤镜"|"其他"|"高反差保留"命令（如图5-2-13）。

图5-2-12　调整图层顺序

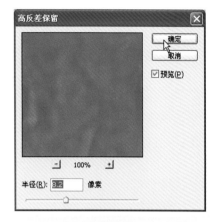

图5-2-14 "高反差保留"对话框

图5-2-15 "高反差保留"后效果

图5-2-18 选择"合并图层"命令

（5）弹出"高反差保留"对话框，拖动滑块设置"高反差保留半径"，此处为"8像素"左右（如图5-2-14），完成图像的"高反差保留"设置（如图5-2-15）。

图5-2-13 单击"高反差保留"命令

（6）在面板区图层面板下部的"创建新的填充或调整图层"按钮，在弹出的菜单中选择"阈值"命令（如图5-2-16）。

（7）弹出"阈值"面板，设置"阈值"色阶，此处为"122"左右（图5-2-17）。

（8）按住Ctrl键，选择"阈值"图层与之前的"高反差保留"图层，单击鼠标右键，选择"合并图层"命令（如图5-2-18），此时

图5-2-16 选择"阈值"命令

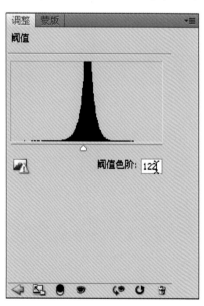

图5-2-17 "阈值"面板

会出现铅笔描边效果（如图5-2-19）。

（9）在面板区图层面板设置该图层的图层混合方式为"叠加"（如图5-2-20）。

（10）调整细节，完成数字图像的彩色铅笔效果制作（如图5-2-21）。

图5-2-19　合并图层后效果

图5-2-21　完成图

三、　制作素描效果

本例主要讲述如何使用Photoshop菜单栏的"编辑"|"填充"命令、"滤镜"|"风格化"命令及"画笔工具"等来制作素描效果图像。

（1）打开如图5-2-22所示的数字图像原始素材文件。

（2）新建一个空白图层。在菜单栏单击"编辑"|"填充"命令（如图5-2-23）。

图5-2-22　原始素材文件

图5-2-20　设置图层混合模式

图5-2-23　单击"填充"命令

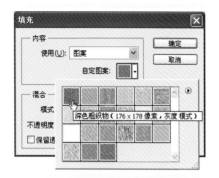

图5-2-25　选择填充内容为"深色粗织物"

图5-2-26　调整图层样式

图5-2-28　单击"照亮边缘"命令

（3）弹出"填充"对话框，"填充内容"选择"图案"，单击"自定图案"右侧小箭头，在下拉菜单中选择"艺术表面"（如图5-2-24）。

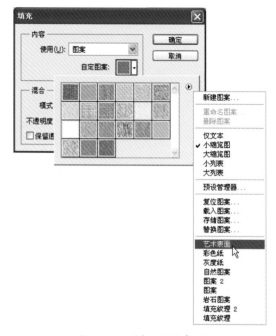

图5-2-24　选择"艺术表面"

（4）在"填充"对话框区域选择填充内容为"深色粗织物"（如图5-2-25）。

（5）设置该图层混合模式为"正片叠底"，不透明度为"60%"左右（如图5-2-26）。

（6）复制背景图层，并拖动该图层使其置于顶层（如图5-2-27）。

（7）在菜单栏单击"滤镜"|"风格化"|"照亮边缘"命令（如图5-2-28）。

（8）弹出"照亮边缘"对话框，滑动滑块设置照亮边缘的数值，此处"边缘宽度"为"1"左右，"边缘亮度"为"10"左右，"平滑度"为"4"左右（如图5-2-29）。

图5-2-27　复制图层

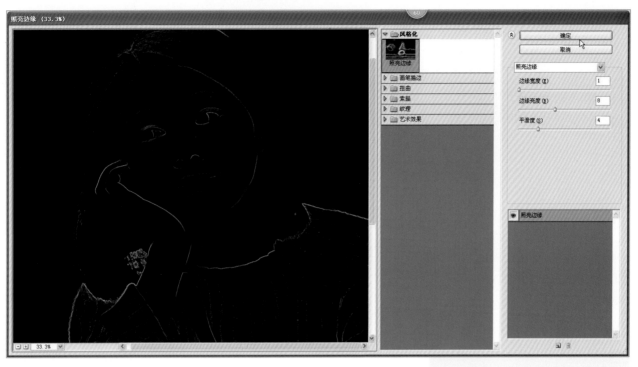

图5-2-29　"照亮边缘"对话框

（9）在菜单栏单击"图像"|"调整"|"去色"命令，或者在键盘按Shift+Ctrl+U键，对图像进行去色（如图5-2-30）。

（10）在菜单栏单击"图像"|"调整"|"反相"命令，或者在键盘按Ctrl+I键，对图像进行反相（如图5-2-31）。

（11）设置图层混合模式为"正片叠底"，"不透明度"为"80%"左右（如图5-2-32）。

图5-2-30　去色后图层效果

图5-2-31　反相后图层效果

图5-2-32　调整图层样式

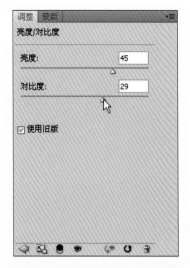

图5-2-35 "亮度/对比度"调整图层面板

图5-2-36 单击"添加杂色"命令

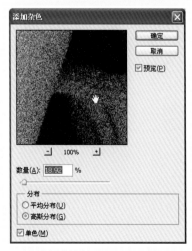

图5-2-37 "添加杂色"对话框

（12）复制背景图层，系统默认图层名称为"背景 副本2"，将该图层置于顶层（如图5-2-33）。

（13）在面板区图层面板下部的"创建新的填充或调整图层"按钮 ，在弹出的菜单中选择"亮度/对比度"命令（如图5-2-34）。

（14）弹出"亮度/对比度"调整图层面板，滑动滑块以提高图像的亮度及对比度，此处"亮度"数值为"45"左右，"对比度"数值为"30"左右（如图5-2-35）。

（15）回到图层面板，选择"背景 副本2"图层，在菜单栏单击"滤镜"|"杂色"|"添加杂色"命令（如图5-2-36）。

图5-2-33 新建图层

图5-2-34 选择"亮度/对比度"命令

（16）弹出"添加杂色"对话框，设置"数量"为"20％"左右，"分布"为"高斯分布"，勾选"单色"（如图5-2-37）。

（17）在工具栏选择"画笔工具"。在工具选项栏单击"切换到画笔面板"按钮，或者在菜单栏单击"窗口"|"画笔"命令（如图5-2-38）。

（18）弹出"画笔工具"面板，勾选"形状动态""散布""纹理""传递"等选项，同时调整画笔的"角度""圆度"（如图5-2-39），设置画笔前景色为"白色"。

图5-2-38 "画笔工具"工具选项栏

（19）选择"背景副本2"图层，在面板区图层面板下部，按住Alt键同时单击"添加矢量蒙版"按钮 ⬜ ，为该图层添加黑色蒙版（如图5-2-40）。

（20）隐藏背景图层，使用画笔工具在图像工作区进行涂抹（如图5-2-41）。

（21）继续涂抹，调整图像细节，完成素描效果的数字图像的制作（如图5-2-42）。

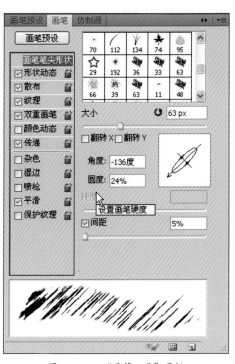

图5-2-39 "画笔工具"面板

图5-2-40 添加黑色蒙版

图5-2-41 使用画笔进行涂抹

图5-2-42 完成图

图5-2-43　原始素材文件

四、制作布纹油画效果

本例主要讲述如何使用Photoshop菜单栏的"滤镜"|"艺术效果"|"干笔画"命令、"滤镜"|"纹理"|"纹理化"命令及"色相/饱和度"调整图层等来制作布纹油画效果图像。

（1）打开如图5-2-43所示的数字图像原始素材文件。

（2）复制背景图层，在面板区图层面板下部的"创建新的填充或调整图层"按钮 ，在弹出的菜单中选择"色相/饱和度"命令（如图5-2-44）。

（3）弹出"亮度/对比度"调整图层面板，滑动滑块以提高图像的饱和度，此处"饱和度"数值为"25"左右（如图5-2-45）。

图5-2-44　选择"色相/饱和度"命令

（4）回到复制的背景图层，在菜单栏单击"滤镜"|"艺术效果"|"干笔画"命令（如图5-2-46）。

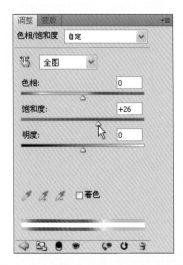

图5-2-45　"亮度/对比度"调整图层面板

图5-2-46　单击"干笔画"命令

（5）弹出"干笔画"对话框，滑动滑块设置数值，"画笔大小"为"10"，"画笔细节"为"10"，纹理为"2"（如图5-2-47），单击"确定"按钮，完成画面干笔画效果设置（如图5-2-48）。

（6）在菜单栏单击"滤镜"|"纹理"|"纹理化"命令（如图5-2-49）。

图5-2-47　"干笔画"对话框

图5-2-49　单击"纹理化"命令

图4-2-48　"干笔画"效果

（7）弹出"纹理化"对话框，滑动滑块设置数值，"缩放"为"140％"左右，"凸现"为"10"左右（如图5-2-50）。

（8）调整细节，完成数字图像布纹油画效果的制作（如图5-2-51）。

图5-2-50　"纹理化"对话框

图5-2-51　完成图

五、制作创意水彩画效果

本例主要讲述如何使用Photoshop菜单栏的"滤镜"|"艺术效果"|"水彩"命令、"调整"|"阈值"命令及"蒙版"等来制作创意水彩画效果数字图像。

（1）打开如图5-2-52、图5-2-53所示的数字图像原始素材文件。

（2）选择图5-2-52，复制背景图层，得到"背景 副本"图层，在菜单栏单击"图像"|"调整"|"去色"命令（如图5-2-54），或者在键盘按Shift+Ctrl+U键，对图像进行去色。

（3）在菜单栏单击"图像"|"调整"|"亮度/对比度"命令，弹出"亮度/对比度"对话框，滑动滑块调整数值，"亮度"为"60"左右，"对比度"为"50"左右（如图5-2-55），提高图像的亮度与对比度，减少图像中的细节。

（4）复制"背景 副本"图层，得到"背景 副本2"图层，在菜单栏单击"滤镜"|"艺术效果"|"水彩"命令（如图5-2-56）。

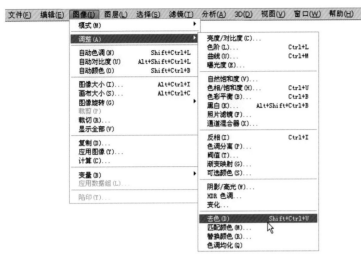

图5-2-54　单击"去色"命令

图5-2-52　原始素材文件（1）

图5-2-53　原始素材文件（2）

图5-2-56　单击"水彩"命令

图5-2-55　"亮度/对比度"对话框

（5）弹出"水彩"对话框，滑动滑块以调整数值，此处"画笔细节"为"14"，"阴影强度"为"1"，"纹理"为"3"（如图5-2-57）。

（6）把"背景 副本"图层移至顶层，在菜单栏单击"调整"|"阈值"命令，弹出"阈值"对话框，设置数值为"128"左右（如图5-2-58），将图像处理成黑白剪影（如图5-2-59）。

（7）将该图层的图层混合模式设置为"正片叠底"（如图5-2-60）。

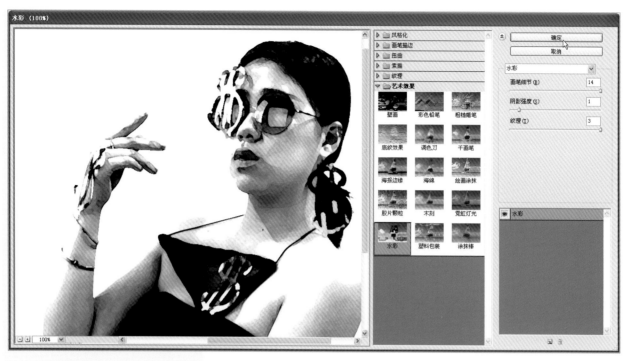

图5-2-57 "水彩"对话框

图5-2-60 设置图层混合模式

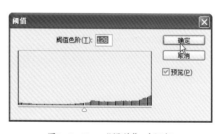

图5-2-58 "阈值"对话框

图5-2-59 "阈值"后效果

（8）选择"背景 副本"图层及"背景 副本2"图层，合并两个图层（如图5-2-61）。

（9）复制原始素材文件图5-2-53，粘贴到图5-2-52中，调整图像大小，使其能覆盖住整个人物。在面板区图层面板下部单击"添加矢量蒙版"按钮 ，为该图层添加蒙版（如图5-2-62）。

（10）复制"背景 副本"图层图像，按住Alt键单击蒙版，进入蒙版编辑，粘贴图像（如图5-2-63）。

（11）在菜单栏单击"图像"|"调整"|"反相"命令，或者按住Ctrl+I键，对图像进行反相（如图5-2-64）。

图5-2-62　单击"添加矢量蒙版"按钮

图5-2-63　将图像粘贴进蒙版

图5-2-61　合并图层后效果

图5-2-64　"反相"后蒙版效果

（12）在面板区图层面板单击"图层缩略图"，回到图层编辑状态（如图5-2-65）。

（13）隐藏图层之下所有图层，在顶层图层之下新建图层，将其填充为类似纸张的白色（如图5-2-66）。

（14）调整细节，完成创意水彩画效果的数字图像制作（如图5-2-67）。

图5-2-65　单击"图层缩略图"

图5-2-66　新建图像

图5-2-67　完成图

图5-2-68　原始素材文件

六、　制作网点效果

本例主要讲述如何使用Photoshop菜单栏的"图像"|"模式"|"灰度"命令、"图像"|"模式"|"位图"命令来制作网点效果数字图像。

（1）打开如图5-2-68所示的数字图像原始素材文件。

（2）在菜单栏单击"图像"|"模式"|"灰度"命令，改变图像的颜色模式（如图5-2-69）。

（3）弹出"信息"对话框，单击"扔掉"（如图5-2-70），图像转变为黑白效果。

（4）在菜单栏单击"图像"|"模式"|"位图"命令（如图5-2-71）。

图5-2-69　单击"灰度"命令

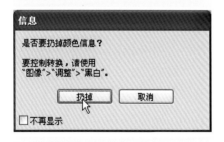

图5-2-70　单击"扔掉"

图5-2-71　单击"位图"命令

（5）弹出"位图"对话框，"分辨率"区域"输出"设置为"113像素/厘米"，"方法"区域选择"半调网屏"（如图5-2-72），单击"确定"按钮。

图5-2-72　"位图"对话框

（6）弹出"半调网屏"对话框，设置"频率"为"4线/厘米"，"角度"为"45度"，"形状"为"圆形"（如图5-2-73）。

（7）单击"确定"按钮，完成网点效果的数字图像制作（如图5-2-74），放大图像可以更清晰地观看网点效果（如图5-2-75）。

图5-2-73　"半调网屏"对话框

图5-2-74　完成图

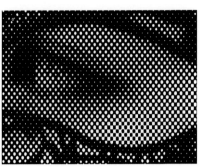

图5-2-75　放大效果图

第三节　数字图像的商业运用

处理好的数字图像用作商业用途时，为了达到更好的宣传的效果，往往需要在图像上加上文字、标志或者水印。

一、 字体的添加与排版

本例主要讲述如何使用Photoshop工具栏的"文字工具"及菜单栏的"编辑"|"自由变换"命令等来为数字图像添加文字。

（1）打开如图5-3-1所示的数字图像原始素材文件。

（2）在工具栏选择"横排文字工具"（如图5-3-2）。

（3）在工具选项栏设置文字参数，此处字体为"黑体"，大小为"48点"，颜色为"黑色"（如图5-3-3）。

（4）在图像工作区需要添加文字的区域单击，输入文字。此处为"—Just have patience, Your dreams will come true."（如图5-3-4），在工具选项栏单击对勾按钮 ✔，完成输入。

图5-3-1　原始素材文件

图5-3-2　选择"横排文字工具"

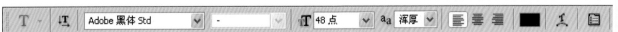

图5-3-3　"横排文字工具"工具选项栏

图5-3-4 输入文字

（5）使用"横排文字工具"，在工具选项栏设置参数，此处字体为"楷体"，大小为"72点"，颜色为"黑色"（如图5-3-5）。

（6）在图像工作区相应位置分别输入"梦""想"两个文字（如图5-3-6）。

（7）在工具选项栏设置文字参数，此处字体为"黑体"，大小为"48点"，颜色为"黑色"，输入文字"Just have patience, Your dreams will come true."（如图5-3-7）。

（8）在面板区图层面板设置降低该图层"不透明度"，此处为"40%"左右（如图5-3-8）。

（9）在菜单栏单击"编辑" | "自由变换"命令，或者在键盘按Ctrl+T键，对文字进行反转（如图5-3-9），工具选项栏单击对勾按钮 ✔ ，完成对字体的反转。

图5-3-5 "横排文字工具"工具选项栏

图5-3-6 输入文字后效果

图5-3-7 输入文字

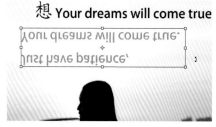

图5-3-9 反转文字

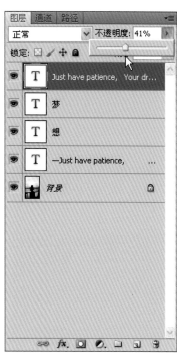

图5-3-8 设置图层不透明度

（10）在面板区图层面板选择该字体图层，单击右键，在弹出的菜单中选择"栅格化文字"（如图5-3-10）。

（11）在工具栏选择"矩形选框"工具，在工具选项栏设置其羽化值，此处为"50px"左右（如图5-3-11）。

（12）选取文字下部，在菜单栏单击"编辑"|"清除"命令，或者在键盘单击Backspace键，清除选区，形成字体渐隐效果（如图5-3-12）。

（13）调整细节，完成为数字图像添加字体（如图5-3-13）。

图5-3-10　选择"栅格化文字"

图5-3-12　清除选区

图5-3-11　"矩形选框"工具选项栏

图5-2-13　完成图

图5-3-14　原始素材文件（1）

图5-3-15　原始素材文件（2）

图5-3-18　"反相"后图像效果

二、　Logo与水印的添加

本例主要讲述如何使用Photoshop菜单栏的"图像"｜"调整"｜"去色"命令及调整图像的混合模式等来为数字图像添加Logo与水印。

（1）打开如图5-3-14、图5-3-15所示数字图像原始素材文件。

（2）复制图5-3-15，粘贴到图5-3-14中（如图5-3-16）。在菜单栏单击"编辑"｜"自由变换"命令或者在键盘按Ctrl+T键，对图像大小进行调整。

（3）在菜单栏单击"图像"｜"调整"｜"去色"命令（如图5-3-17），或者在键盘按Shift+Ctrl+U键，对图像进行去色。

（4）在菜单栏单击"图像"｜"调整"｜"反相"命令，或者在键盘按Ctrl+I键，对图像进行反相（如图5-3-18）。

图5-3-16　调整后图像

| 文件(F) | 编辑(E) | 图像(I) | 图层(L) | 选择(S) | 滤镜(T) | 分析(A) | 3D(D) | 视图(V) | 窗口(W) | 帮助(H) |

模式(M)

调整(A)

| 亮度/对比度(C)... |
| 色阶(L)... | Ctrl+L |
| 曲线(U)... | Ctrl+M |
| 曝光度(E)... |

自动色调(N)	Shift+Ctrl+L
自动对比度(U)	Alt+Shift+Ctrl+L
自动颜色(O)	Shift+Ctrl+B

自然饱和度(V)...
色相/饱和度(H)...　　Ctrl+U
色彩平衡(B)...　　Ctrl+B
黑白(K)...　　Alt+Shift+Ctrl+B
照片滤镜(F)...
通道混合器(X)...

| 图像大小(I)... | Alt+Ctrl+I |
| 画布大小(S)... | Alt+Ctrl+C |
| 图像旋转(G) |

裁剪(P)
裁切(R)...
显示全部(V)

反相(I)　　Ctrl+I
色调分离(P)...
阈值(T)...
渐变映射(G)...
可选颜色(S)...

复制(D)...
应用图像(Y)...
计算(C)...

阴影/高光(W)...
HDR 色调...
变化...

变量(B)
应用数据组(L)...

去色(D)　　Shift+Ctrl+U
匹配颜色(M)...
替换颜色(R)...
色调均化(Q)

陷印(T)...

图5-3-17　单击"去色"命令

（5）在面板区图层面板设置图层的混合模式为"滤色"（如图5-3-19）。

（6）根据图像调整细节，完成为图像添加 Logo 与水印（如图5-3-20）。

图5-3-19　图层混合模式改为"滤色"

图5-3-20　完成图